幸福的关系

Happier,
No Matter What

[美] 泰勒·本-沙哈尔(Tal Ben-Shahar) 著

倪子君 译

中信出版集团 | 北京

图书在版编目（CIP）数据

幸福的要素 /（美）泰勒·本 - 沙哈尔著；倪子君译
. -- 北京：中信出版社，2022.9（2024.7 重印）
　书名原文：Happier, No Matter What
　ISBN 978-7-5217-4346-3

　Ⅰ.①幸… Ⅱ.①泰… ②倪… Ⅲ.①人格心理学－
通俗读物 Ⅳ.① B848-49

中国版本图书馆 CIP 数据核字（2022）第 072065 号

幸福的要素
著者：　　　[美]泰勒·本 – 沙哈尔
译者：　　　倪子君
出版发行：中信出版集团股份有限公司
　　　　　（北京市朝阳区东三环北路 27 号嘉铭中心　邮编　100020）
承印者：　　三河市中晟雅豪印务有限公司

开本：880mm×1230mm 1/32　　　印张：7　　　字数：120 千字
版次：2022 年 9 月第 1 版　　　　印次：2024 年 7 月第 5 次印刷
京权图字：01–2021–3744　　　　　书号：ISBN 978-7-5217-4346-3
定价：58.00 元

献给塔米、戴维、雪莉和埃利亚夫

我爱你们，哪怕身处逆境

目　录

推荐序
我们与幸福的距离并不遥远

彭凯平　清华大学社会科学学院院长，中国积极心理学发起人

1

如果在2022年3月初的某一天，你在搜索引擎中输入"幸福课"，那么你得到的相关信息的数量会高达930万条。输入"沙哈尔幸福课"时，这个数字是132万。而当你输入"本－沙哈尔"时，你会得到惊人的270万条信息！这好像意味着，在中国作为"网红"的沙哈尔比作为学者的沙哈尔有更高的人气！

在哈佛大学，有超过23%的学生向学校教学委员会反映：沙哈尔的"积极心理学"和"领袖心理学"两门课程"改变了他们的一生"，"其奇妙之处在于，当学生们离开教室的时候，都迈着春天一样的步子"。沙哈尔也因此在身为讲师时便获得了哈佛大学"最受欢迎的导师"的荣誉称号。同时，他还受聘为多家著名跨国公司的心理咨询师和培训师。他的课程无论在校内还是校外，无论在美国、欧洲还是中国，都因其鲜明的实用性和可操作性，被众多听课者誉为"摸得着的幸福"。在美国，美国全国公共广播电台（NPR）、美国有线新闻网（CNN）、美国哥伦比亚广播公司（CBS）、《纽约时报》和《波士顿环球时报》等数十家著名媒体对他进行了专访和报道。在中国，《光明日报》、人民网等主流媒体也都报道过他本人与他的课程，更不用说更加大众化的互联网传播平台上和各种应用程序上他的课程的海量的下载、收听与观看链接。很多人因为听了沙哈尔的课开始进入积极心理学领域，更多的人因为听了他的课而找到了人生真实的幸福。

在积极心理学界，沙哈尔博士并不是第一个讲积极心理学课程的人，但是如果要选出一位把专业的积极心理学课程变得通俗易懂、趣味十足，并且把积极心理学推向全球，引发了中国的"幸福课"浪潮，对积极心态与幸福文化现象做出贡献最大的人，那么人选里肯定有沙哈尔博士。正如沙哈尔博士自己所说的那样，"积极心理学向学生们阐释人生真实的价值时，它说的并不是金钱或是某方面的成功与名望，而是'终极财富'，也就是所有目标的终点站——幸福"。

20 世纪 90 年代末，以马丁·塞利格曼和克里斯托弗·彼德森等为代表的一批心理学家开创了积极心理学这个崭新的心理学领域。积极心理学一改传统心理学一百多年来对自身与社会阴暗面过度关注的心理习惯与行为反应习惯，转而关注人类正常的情绪、认知与行为的积极价值，关注人类的积极天性、品格优势与美德，关注来自情绪、投入、成就、意义、人际关系等积极态度的真实的幸福感与生命的丰盛感，并提供科学实证。积极心理学试图以别有洞天的视角把人类从痛苦、恐惧、焦虑、抑郁的心理偏好中解放出来，从而使人能够将自身的勇气、智慧、宽容、正义、同理心、坚毅等融入自身的生活与成长。积极心理学并不主张人们放下对抗消极的各种武器，它更在意用积极的力量战胜消极，从而使人拥有更丰盛的人生。就像在迷雾中亮起了一盏明灯，从那之后，有越来越多的心理学研究者与心理学爱好者加入积极心理学的大家庭，并且涌现出了大量杰出的学者、专家与普及人士。泰勒·本－沙哈尔作为其中的一名佼佼者在这三方面都取得了不俗的成就！他曾经是哈佛大学一位很有才华的青年学者与讲师，还是很多人、很多机构的"幸福导师"。然后，不经意间，他也成为一位先锋的积极心理学传播大使，让积极心理学所崇尚的幸福科学无限接近我们日常的生活点滴。他凭借着在幸福科学之路上"十年磨一剑"的执着与投入，为积极心理学的繁荣做出了突出的贡献，也让更多的人发现，其实幸福并不在遥远的山那边，幸福与我们的距离很近，它就在我们的身边，在我们的身体里，自然而然。

因此，"幸福课"的流行不仅是沙哈尔个人的成功，也是他秉持着"幸福的力量可以让世界变得更好"的信念而做出的不懈努力的回报，更彰显出积极心理学在引导新时代的人类如何面对更加复杂与多元的生活情景时所做出的伟大贡献，以及其自身的巨大价值，它帮助人们走出茫然，做出更积极的选择！积极心理学所阐释的幸福，不像宗教学家、哲学家，或者文学家、政客、诗人、灵修人士与浪漫主义者眼中的幸福那样，更多地停留在层出不穷的想象与五彩斑斓的描绘上。基于理性、经验、实证、文化与进步的价值观念，积极心理学为人类的幸福提供了一条严谨务实又充满人文关怀的科学认知之路。它揭示出一个人通过健康、快乐、积极的态度与行为，通过个体优势的发挥，通过成长与追寻幸福，可以让自身的生命历程更加充满激情、充满成就与意义。

一个平凡人通常不能决定历史，但历史却可以因为某些人而产生新的改变。在积极心理学及幸福科学的大众传播之路上，沙哈尔无疑是第一批改变历史的学者之一。正如他一直以来所做的那样，无论讲授课程、提供咨询还是著书立说，他都在用积极心理学的力量影响别人，帮助别人。目前，沙哈尔把主要精力放在以色列跨学科中心上，运用积极心理学来培养中小学的老师。当记者们问他为何离开哈佛大学，放弃教世界上最聪明的那些人，而回到家乡时，他说："一切为了内心更为充实的幸福！"

回到家乡的沙哈尔可以和家人有更多时间相处，并能帮助到更多需要积极心理学启蒙的年轻人。特别是当他的孩子出生后，和所有父亲一样，沙哈尔经历了初为人父的许多挑战，他也第一次知道自己要从孩子身上学习这么多事情。他说："做父亲是我人生中最困难的一项挑战，这工作比为《财富》杂志500强企业当顾问或在哈佛大学当教授都要困难。很可惜，没有一所学校教我们怎么当父母，我们可以到学校学管理、法律，学怎么当老师……却没有任何机构教我们如何为人父母。其实，在积极心理学和发展心理学领域中，有很多研究成果可以帮助我们成为更好的父母和老师。父母应该知道这些资源，获得这些工具。这是我新的使命……"

2

在中国，有一首大家耳熟能详的歌，歌中有这么一句歌词："把握生命里的每一分钟，全力以赴我们心中的梦，不经历风雨，怎么见彩虹，没有人能随随便便成功。"人生没有随随便便的成功，所有的成就都需要经过生活的沉淀。

沙哈尔出生于以色列，少年时便聪慧异常。虽然他自认为是一个害羞、内向的人，但这一点并没有影响他成为一个完美主义者、学霸与坚定的壁球爱好者。他5点钟就要爬起来训练，一度成为以色列锦标赛最年轻的参赛选手。他曾经多次闯入世锦赛决赛，但又一次次输掉。他曾为此一蹶不振了好几个月。到21岁前，他一直很努力，并成为一位世界冠军的陪练。世界冠军做什么，沙哈尔就做什么，他尽量保持跟世界冠军一样的训练强度。直到有一天医生告诉他，继续训练的话，他的背部可能会有危险，他才放弃了成为一个职业壁球手的梦想。

之后，他到哈佛大学深造，又成为一位妥妥的学霸。他顺利地完成了心理学硕士的学业，又攻读了组织行为学博士学位。但沙哈尔还是很不开心。因为一个完美主义者始终认为"要么什么都不做，要么就做到最好"。沙哈尔虽然在学业上相当成功，但他并不认为自己做到了最好。所以，一颗年轻而躁动的心促使他开始寻找既快乐又能帮助自己成功的秘诀，于是他与积极心理学就这样不期而遇了。

虽然积极心理学正式诞生于 1998 年，但至少在 21 世纪初的那几年，人们对心理学的理解还很大程度上停留在如何消除心理病痛与应对负面的心理问题的阶段。积极心理学还没有今天这么多的理论与证据，也没有多少拥趸，似乎和很多学科一样，积极心理学也将经历一个漫长的孕育期才能茁壮地成长起来。然而，沙哈尔和他的"幸福课"的横空出世在某种程度上加速了这个过程。

经历过职业运动员非同寻常的训练与残酷的竞技考验，沙哈尔在思考成功与快乐的秘诀这件事上比很多人具备更多切实的感悟。他把自己的人生经历与积极心理学相结合，结果产生了出乎意料的感染力与说服力。他在哈佛大学的课程严谨而不失风趣、研究扎实又紧密结合生活实际，传递科学信息又穿插人生感悟，这让听课者很容易产生代入感并沉浸其中。

"我曾经不快乐了30年。"这是沙哈尔一下子就能抓住听课者的心的诀窍：一个不快乐了30年的人是如何做到站在世界最知名学府的讲台上就"成为一个幸福的人"侃侃而谈的？更为关键的是，似乎我们每个人在人生的至暗时刻都曾经怀疑过："我真的能幸福吗？"

是的，沙哈尔的确曾经很不快乐。这并不是因为他不够出色和优秀，而是他没有找到成功、优秀与真实的幸福之间的那座桥。他说："最初，引起我对积极心理学兴趣的是我的经历。我开始意识到，内在的东西比外在的东西对一个人的幸福感更重要。通过研究这门学科，我受益匪浅。我想把我所学的东西和别人一起分享，我想帮助更多曾经和我一样深陷幸福陷阱中的人。于是，我决定做一名积极心理学的教师。"

一位曾患严重焦虑和情绪紊乱的哈佛毕业生说："大多数哈佛学生还没有意识到，即使那些表面看起来很积极、很棒的学生，也很有可能正在被心理疾病折磨着，即使你是他最要好的朋友，你也未必能意识到他有心理问题。""在内心深处，我经常觉得自己会窒息或者死去。"这名学生在向沙哈尔求助时这样描述。她会时常不明缘由地哭泣，总要把自己关起来才能入睡。她看过很多次心理医生，试过6种药物，休学两个多月来应对自己的心理问题，但却一点儿用都没有。

用这个学生自嘲的话来说，像她这样"成绩优异的哈佛精神病患者"不在少数。沙哈尔2004年第二次开讲"幸福课"正值哈佛大学一项持续了6个月之久的调查报告成文之时。调查发现，学生们正面临普遍的心理健康危机。有80%的哈佛大学学生，至少曾有一次感到非常沮丧、消沉，47%的学生，至少曾有一次因为太沮丧而无法正常做事，10%的学生称他们曾经考虑过自杀……

不只在校园里，在更大的范围内，情况也并不乐观。据当年的统计，在美国，抑郁症的患病率，比20世纪60年代高出10倍，抑郁症的发病年龄，也从20世纪60年代的29.5岁下降到21世纪初的14.5岁。而这段时间，正是美国战后经济发展与文化发展的"黄金时代"，富足与自由并没有让美国的年轻人感到更快乐。在20世纪后半叶，英国人的平均收入提高了3倍，可是在2005年，只有36%的英国人觉得自己挺幸福，这个数字与1957年的52%相比，下降了近20个百分点。一边是日益增长的焦虑与无助，一边是积极心理学的兴起，在这个时候，沙哈尔义无反顾地选择投身积极心理学。从那时起，沙哈尔就坚定地认为：幸福感是衡量人生价值的唯一标准，是所有目标中的终极目标。金钱、权力与药物并不能合成治愈不幸的药丸，能治愈我们心灵创伤的良方是寻找到根植于我们内心的积极天性、品格优势和战胜困难的勇气与力量。

我们生活的这个世界并不完美，不仅不完美，还处处充满挑战。2021年10月8日，美国华盛顿大学和澳大利亚昆士兰大学的研究人员在《柳叶刀》期刊上发表了题为《新冠肺炎病毒大流行下，2020年全球204个国家和地区抑郁症和焦虑症患病率与心理负担研究》的论文。这项研究首次评估了新型冠状病毒肺炎在全球对重度抑郁症和焦虑症的影响，并量化了2020年204个国家和地区按年龄、性别和地域划分的疾病患病率和心理负担。

研究显示，2020年全球范围内患重度抑郁症和焦虑症的人分别增加了28%和26%，生活在受新型冠状病毒肺炎严重影响的国家的人的患病率大幅上升，其中女性和年轻人受到的影响最大。

众所周知，这几年来，人类遭受了新冠病毒肆无忌惮地攻击，人类社会面临着自第二次世界大战以来最大的危机。而诸多国际问题与矛盾冲突也由于病毒的肆虐而被无限地放大。人类文明经受着多方面严峻的考验。在我为沙哈尔的系列丛书写这篇序言的时候，俄罗斯与乌克兰之间又爆发了冲突。

当看到上面的数字与事件时，我想很多人会对人类的命运产生悲观的情绪。但是我想说的是，人类虽然从来都避免不了那些愁云惨淡的经历，但正如太阳黑子再多也不会改变太阳的炽热与光明一样，人类文明从未停止前进的步伐。从更长期、更广阔的角度来观察人类社会的发展，我们会欣喜地发现：其实，真正决定人类文明不断发展的终极力量是善意与合作、同理心与爱。

积极心理学的开创者马丁·塞利格曼教授说："信息鼓噪、潮点时朽的社会里，我们总是很难寻觅到真正的快乐，'幸福课'应该是每个人的必修。"追随着积极心理学开创者们的脚步，年富力强、才华横溢的沙哈尔用自身的经历证明，即便在人生最不如意的时候，如果我们能够发现内在的积极力量，并把这种力量恰当地应用到我们的生活中去，我们就能够走出阴霾，冲破人生的冰河。沙哈尔也想通过"幸福课"告诉人们，积极不仅仅是一种态度或者一种感受，更是能够被科学证实的人类先天优势。每个人都拥有幸福的基因，本自具足。人们学习"幸福课"的目的也不是要学会如何变幸福，而是要寻找本来就在自己身体内的幸福种子。因此，沙哈尔的"幸福课"更像是一把火炬，它的真正价值是照亮人的生命，帮助一个人从内到外，从理论到实践，改变自己，找到生活的积极动力。为此，沙哈尔长年坚持不懈，一直致力于为人类幸福的研究与教育做出贡献。而我即将向您推荐的 6 本书，正是他这么多年来智慧与行动的结晶。在此，我也代表所有热爱积极心理学的人，特别感谢泰勒·本－沙哈尔先生与中信出版社慷慨地把这些智慧结集出版，带给广大的中国读者。我相信，这一套丛书将掀起中国新一轮的幸福热潮，也必将使积极心理学更加深入人心。

3

　　我是一个幸运的人，当然更是一个幸福的人。由于工作的缘故，对于很多优秀作者的作品，我都有机会成为最早的阅读者之一。由中信出版社策划出版的这套泰勒·本–沙哈尔积极心理学丛书包括《幸福的方法》《幸福超越完美》《幸福的方法 2》《选择幸福》《幸福手册》《幸福的要素》。

　　《幸福的方法》是沙哈尔博士所写的超级畅销书，也是他的成名作。该书的英文版于 2007 年首次面世，旋即成为全球畅销书，至今已经被翻译成 16 种语言。中信出版社 2013 年将此书引入中国，引发了中国的"幸福课"热潮。在这本书里，沙哈尔以充满智慧的语言，将幸福的秘密展现在人们面前。在书中，沙哈尔用四种人生模型的对照来揭示幸福的终极目标不是名利财富，而是尊重生命的核心价值，找到自己的使命并为之奋斗。沙哈尔还在书中给所有追寻幸福的人以信心，强调幸福是可以通过学习与练习获得的内在力量。

　　《幸福超越完美》英文版成书于 2009 年。沙哈尔在讲课的过程中发现，绝大多数人追求的生活不仅要是幸福的，而且要是完美的——而这正是大多数人不幸福的原因。当然，这也曾经是他自己的误区。沙哈尔特别针对这个看似冠冕堂皇，实则害人不浅的"完美主义"撰写了《幸福超越完美》一书。在书中，沙哈尔提出了一套切实可行的方法来应对完美主义。他用积极心理学的重要原则，区分两种截然不同的生活方式和行为模式——"完美主义"和"最优主义"，这两者在每个人身上同时存在。这种区分能有效地帮助我们清楚准确地理解什么是成功和自我实现，什么是人生的圆满和真实的幸福。

《幸福的方法2》是《幸福的方法》的姊妹篇，是沙哈尔沉淀多年后的另一部著作。原作于2018年出版。2020年，中信出版社将其引入国内。在这本书里，沙哈尔把他和他的理发师阿维两年间进行的颇具启发性的交谈浓缩为40个简短的章节，题材新颖，写作手法独特。书中每一章都在提醒我们，幸福往往近在咫尺：幸福可能是你发现了"平常事"的价值，幸福也有可能出现在生活带给你的苦难里。在书中，沙哈尔还阐述了获得幸福感的数十个小秘诀。这些看似平常的小秘诀，如果能够持之以恒地加以练习，就能让每一个人获得持久的幸福，建立起与自己、爱人、孩子、友邻、陌生人之间的积极关系。这本书提醒人们寻找那些早就存在但一直被忽视的身边的真理与真情。

《选择幸福》于2014年出版，是沙哈尔为处于金融危机中的人写的一本幸福书。在书中，沙哈尔满怀关切，用最大的同理心告诉人们：尽管生活不易，但我们依然可以做出更好的选择。沙哈尔认为，人能够在生活的各个方面更积极地创造一种自己想要的生活。静下心来，从容地发现之前曾被自己忽略的可能性，就像为一个充满机会的世界打开了一扇大门。在《选择幸福》中，沙哈尔介绍了 3 种类型的选择：日常的微小选择、特定事件中的选择与生命中的重大选择。通过对这 3 种选择的分析，沙哈尔为读者展开了一幅关于选择的无比瑰丽的生命画卷。全书围绕"并不是要知道什么是正确的选择，而是要关注如何做到正确的选择"展开，帮助人们成为有觉知力的人，鼓励人们在做出最佳选择后采取积极行动。

《幸福手册》的中文版于 2022 年出版。沙哈尔教授的许多读者，包括他的学生常常会要求他将在课程与作品中提到的各种练习完整地呈现出来，他本人也发现，那些对生命最有影响力的课程都在鼓励人们将所学的理论应用在生活中。于是，沙哈尔教授创作了这本《幸福手册》。这是一本帮你获得每日点滴喜悦和人生持久满足的幸福手册，通过阅读这本书，你将获得真正有生命力的幸福方法，也就是能在你的生活中发挥更丰富的作用，帮助你更好地理解世界、与世界相处的方法。

《幸福的要素》是沙哈尔最新的作品。全书由沙哈尔面对全球暴发的新冠肺炎疫情所进行的 6 场讲座的内容扩充而成。为了缓解人们由于疫情所产生的心理困境，沙哈尔以"艰难中如何保持幸福力"为题做了 6 场讲座，谈到了如何在生活的艰难时刻依然能找到幸福和目标。全书紧紧围绕"在面对生活的挑战和未来的不确定性时，幸福依然有方法"展开论述。在这本书中，沙哈尔提供了一个被他称为SPIRE幸福模型的方法。"SPIRE"是5个英文单词的首字母缩写，代表精神（Spiritual）、身体（Physical）、心智（Intellectual）、关系（Relational）和情绪（Emotional）。通过检视这5个要素，沙哈尔帮助我们在面对生活中的起伏时，依然能更幸福一点儿。

由于篇幅关系，我无法将每一本书的精彩都展现给大家，但作为丛书的推荐者之一，我特别希望读者们能够抽出时间来将这6本书全部通读一遍。如果说早期出版的《幸福的方法》奠定了沙哈尔在积极心理学与幸福科学大众科普领域的巨大影响力的基础，那么之后的几本书则层层递进，反映了沙哈尔近20年在幸福科学与积极心理学探索之路上的心路历程与演进过程。阅读这套丛书不仅有助于我们更加深入地了解沙哈尔的智慧，也有助于我们通过沙哈尔走过的路进一步审视自己的人生。

4

毋庸置疑，过去的20多年，人类正在快速进入一个关于幸福的新的启蒙时代。传统而粗放的个体感受型幸福观正在向由新时代的科学、进步、人文、理性所影响的共同体认知幸福观转变。而这 20 多年，也是积极心理学从心理学大家庭中脱颖而出的 20 多年。这种关于幸福的变革悄然发生，但其影响将极为深远。它把世界看待心理学的视角从人类的犹豫、彷徨、迷惘、撕裂与习得性无助拉向成就、意义、投入、良好的人际交往与积极的情绪祖露上来：既然无助与消极是可以习得的，那么幸福与丰盛一定也是可以习得的，并且，一定有一种更加持久、更加丰盛也更为科学的幸福可以让人们感受到一种幸福感的升华。这是积极心理学为人类长久地拥有一个澎湃的福流所做出的巨大贡献。

作为一个身处于当代社会的积极心理学家，我相信沙哈尔博士与我有着同样的情怀，就是不仅要把自己对幸福的科学观察与观点表达出来，而且要追求更深远的意义。这个意义就是让自己成为推动人们更加全面与深刻地理解新时代幸福观的一分子，并且为人们更有意愿与能力获得幸福出一份力。

就在 2021 年 5 月 1 日"国际劳动节"这天，我与沙哈尔博士受光明日报国际交流合作与传播中心秘书长肖连兵先生的邀请，以"共同命运就是为了共同幸福：人类社会的进步与发展是为了共同命运的善意与互动"为题进行了一场跨洋对话。这场对话的记录在《光明日报》当天的专刊上发表。通过对话，我们有机会在思考人类的历史与东西方文化心理的异同之余，寻找来自人类思想长河中的那种具有普世精神的幸福情怀。而我认为，沙哈尔博士的幸福课与幸福书之所以能够获得持久的成功，是因为它们除了满足了这个时代对幸福科学的需求，也满足了人们追寻幸福的新的文化心理。

在对话中，我们分析了《幸福的方法》为什么成为全球畅销书，也讨论了如何向公众更好地传播积极心理学最重要的学术领域——幸福科学。当然，面对21世纪以来最重大的公共卫生突发事件，我们也从幸福学说的视角分别谈论了新冠肺炎疫情给人类社会带来的诸多影响与重构人类精神家园的解决方案。在谈到个人的幸福与集体、社会、国家的不可分割性上，我们都同意个体与集体、个体与国家命运相连的主张。我们都认为，人类有别于动物的最显著的能力包括审美、创造力与同理心。所谓幸福，不仅仅是个体心理的一种感受，更是人对这个世界的美好与善意的渴望与拥抱。这让我们不沉迷于片刻的欢娱，摆脱了浮躁的低级趣味，放弃了那些不切实际的幻想，踏踏实实地做好自己的工作与学习，做好自己的事情，肩负起对个人、家庭与社会的责任，并且以开放谦虚的心态面对世界的纷繁复杂。拥有了幸福的能力，我们也就拥有了让自己与他人快乐的能力，更有了对抗痛苦与灾难的勇气，以及在悲欣交集中不断寻求突破的力量。这不再是简单的愉悦可以概括的，它更加具有意义感、价值感与仪式感，更加彰显出人与人、人与万物一体相融的人格光辉与文化心理魅力。这是人类的积极天性，是几百万年来人类这个物种不断进化的伟大成就。在疫情的危难时分，互相关爱是光辉人性的体现，也是人之为人的写照，彰显了人类共情的天性。

在对话中，我们还畅想了幸福与构建人类命运共同体之间的关系以及激动人心的未来。我们认为，无论从哪一个方面来说，人类都是一个命运共同体。人生的 3 个层面就像生命的 3 层阶梯：第一层是生存，第二层是生活，第三层是生命。我们提到的审美、创造力与同理心所指向的恰恰就是生存、生活与生命 3 个不同层面的人生需求。而生存、生活与生命的融合便是我们大家口中的"命运"。命运不是玄虚的想象，不是空泛的鸡汤，更不是虚无的幻觉。命运是真实的人生，是真正的人性，是真切的体验。如果一个人以快乐幸福为人生基调，那么他一定会是一个"不可救药的乐观主义者"，他的整个人生如果用一条曲线来表示，也会是一条微笑曲线。他有面对人生悲欣交集时所展现出的乐观、豁达与超然的强烈感受，而这也正是全人类共同憧憬的一种澎湃的心理状态，它指向我们所有人对永恒幸福的追求与幸福永恒的渴望，这也是人类这个物种共同的命运取向。

所以，什么是共同命运？就是我们要为了共同的幸福与其他人合作、交往、交流。大规模的文化交流、技术交流、货物交流、财富交流都是人类社会发展很重要的密码。这些密码背后的核心就是人类关于幸福的崇高体验。

在谈到后疫情时代的特征时，我们认为，后疫情时代将进一步表现出两个特征：第一，我们的社会将从物化社会更加迅速地走向感性社会；第二，人们对人格的定位与期待，也会更加迅速地从物理化的人、社会化的人，走向心灵化的人。这并不是愿望，而是真切发生的事实。对于在后疫情时代人们如何建立幸福观，我和沙哈尔博士的观点出奇地一致。那就是要通过在群体社会中的不懈的个体奋斗与激励建立与自己的和解，通过善意与合作建立与他人的和谐，通过参与与信任建立与世界的响应。要追求生命中"澎湃的福流"。

长期以来，沙哈尔博士和我都是国际积极心理学联合会的理事，他也是我"澎湃的福流"理论的坚定支持者之一。他能够深刻地理解我提出的"幸福是一种比快乐更快乐的心理感觉，而福流则是一种比幸福更幸福的心灵感受"这一观点。我们都认为，如果说幸福是一种有意义的快乐，那么福流就是一种产生灵魂感悟和与时代命运共鸣的极乐。处于福流中的人，审美、创造力与同理心会达到巅峰，不仅拥有在幸福感里拥有的一切意义，还有一种更为空灵与宏大的宇宙时空觉醒，有一种穿越时空的历史觉悟，有一种个人命运与时代命运相连接的激情燃烧。在后疫情时代，如果一个人将追求"澎湃的福流"作为生命追求中的一项重要内容，那么他也将有更多机会沉浸其中，体验由投入、感动、融合、分享、合作所带来的理解、宽容、成就与意义。

今天，人类社会已经进入了一个新的时代。无边界时代、全球化时代、后工业时代、数字时代、智能化与信息化时代等是人

　　　　　　　　　　　　　　　　　　　幸福的要素

们为这个时代贴上的不同标签。但是无论是何种标签，从广义上来说，这个时代释放出的一个强烈信号对所有人都显而易见——人类幸福意识与生存意义的崛起。幸福不再仅仅是停留在人们意念中的感受，它的身上多了与时代、国家及民众生活紧密相关的多元化的现实考量。

人类社会真的变得越来越幸福了，人类社会也已经意识到了幸福对于社会发展与民生进步的积极作用。

人类正迎来关于幸福的最好时光。

在这篇序言的最后，我还想代表中国的积极心理学同行、积极心理学爱好者及这套丛书未来的读者再次向泰勒·本–沙哈尔博士致敬。他二十年如一日，以"一以贯之"的严谨、执着不懈的耕耘、行动，为积极心理学与幸福科学走进千家万户做出了巨大的贡献。如果说《幸福的方法》是"幸福课"的引爆点，那么我希望这套书会成为后疫情时代"幸福学"的引爆点。

我们期待这套丛书能帮助更多的人，让他们拥有属于自己的与所爱之人的终极幸福，让每个人都知道，幸福与我们最丰盛的生命之间没有任何的距离！

前言
逆境中的幸福

对我而言,

幸福唯一令人满意的定义是"完整"。

—— 海伦·凯勒

"嗨,泰勒,幸福现在也应该被隔离起来了吧?"我的朋友半开玩笑地问我。

我们深陷席卷全球的新冠肺炎疫情之中。不可否认,全球新冠肺炎疫情危机带来了一系列严峻的挑战。你也许经历了身体不适,或深陷被感染的恐慌,甚至承受了失去挚爱亲人的巨大痛苦。你也许遭受了失业的打击。父母们努力在工作和照顾孩子之间保持平衡。家长和老师们时刻为孩子到校上课是否足够安全而倍感焦虑。我们每一个人都因与朋友和所爱之人隔离而心神不安。对许多人来说，随着压力的增加，抑郁的迷雾开始蔓延。一夜之间，众多我们曾视为理所当然的、让人放松的娱乐活动都销声匿迹，比如外出用餐、观看戏剧，还有我们曾翘首以盼的欢庆时光，例如假期和婚礼，都戛然而止。为了保护自己和他人，我们戴上了口罩，这让我们走在路上时对陌生人投以微笑都变得十分困难。

在这种新的困境与现实中，研究幸福又能做什么呢？从新冠肺炎疫情暴发开始，多数人都附和我朋友的观点，也许我们应该把幸福也隔离起来，研究幸福的科学应该被暂时束之高阁。他们认为，毫无疑问，等到疫情结束、一切回归正常，我们就能够重新迎来幸福。如今，看看这世界上正发生着的一切，难道我们不该按下研究幸福的暂停键吗？

我的回答是"不"，我们不该把幸福隔离。我们也绝对不该将它束之高阁！事实上，在充满挑战的时刻，无论是多么巨大的挑战，研究幸福的科学将比以往任何时候都更加重要，也更有必要。

在困境中成长

我们可以粗略地将人类所有的体验标记在一个评分轴上，最左端是消极，中间是中性，最右端是积极。举例来说，疼痛、苦难、不幸和挫折位于消极的一端，而愉悦、欢乐、幸运和舒适则在积极的一端。处于正中间 0 点位置的是"我一切正常"的标记点。

　　　　　　　　　　　　　　　　幸福的要素

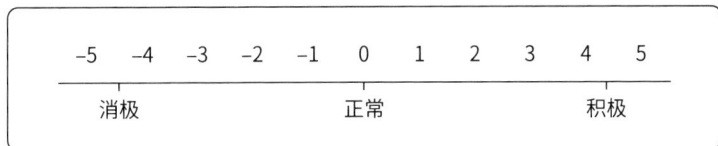

```
   -5   -4   -3   -2   -1   0   1   2   3   4   5
  ─────────────────────────────────────────────────
       消极                  正常              积极
```

许多人认为，幸福科学研究的仅仅是从正常到积极的部分。换句话说，人们会普遍认为，如果一个人状态还算正常或者更好一点儿，在评分轴上处于中间或靠右的位置，那么他就可以从各种幸福科学的研究成果中受益。如果一个人的生活一团糟，比如经常感到悲伤或焦虑，或正在经历苦难和挣扎，也就是处在评分轴的左侧时，则只有心理治疗或药物治疗才能帮到他。当然，我完全赞成去寻求专业的诊治。心理治疗总是可以帮助我们，无论我们处在正常的状态，还是感到对生活已经失去了掌控。那些抗抑郁或抗焦虑的药物，已挽救了无数生命，而且我绝不会建议任何人在没有咨询医生的情况下就擅自停止服药。但是，认为一个人在到达0点或超过0点时才能从幸福科学中受益，是不准确的。

幸福科学与人类所有的体验都息息相关。是的，它确实可以帮我们从3分上升到5分，从"感觉还好"提高到"感觉非常好"。但是我们在仅有-3分甚至-5分时，反而更容易从中获益。它可以赋予我们复原的力量，甚至让我们实现超越。这是什么原理呢？这是因为幸福科学可以增强我们的心理免疫系统。增强你的心理免疫系统或者生理免疫系统，并不意味着你不会生病，它仅仅意味着你会少生病，而当你真的病了时，它会让你更迅速地恢复。无论你处于评分轴上的哪个位置，幸福科学都可以帮助你变得更幸福，哪怕提升只有一点点。它还能武装你，让你能更好地处理你碰到的难题和困境。

事实上，有了强大的心理免疫系统，你将比具备复原力（resilience）更上一个台阶。你将变得能够"反脆弱"（antifragile）——我将之视为复原力的升级。反脆弱这一概念是由纳西姆·塔勒布提出的，他是纽约大学的教授，也是一名作家、认知科学家和统计学家。[1]要理解反脆弱的概念，我们需要先理解复原力这个概念。复原力一词，源于工程学，也被称为弹性。如果某种物质或材料在承受了持续的压力和挤压之后，仍能复原成受压前的样子，就被称为具备弹性或复原力。遵循这一概念，皮球是个很好的例子。当我们把皮球扔向地面，它可以回弹到原来的高度，这就是具有弹性。依照塔勒布的说法，如果某种物质或材料在经受压力或挤压后，不仅会回弹到受压前的状态，还可以因此变得更强大或更结实，那么它便具有反脆弱性。一个有弹性的皮球可以回弹到它被扔下的位置，而一个有反脆弱性的皮球则可以回弹到更高的位置。更普遍而言，无论对于无生命物质，还是对于完整的生命体——一个人、一段关系、一个群体，甚至一个国家，反脆弱性都将使他们在历经磨难后，变得更强大、更美好、更幸福。

19 世纪的德国哲学家弗里德里希·尼采写道："杀不死我

的，只会让我更强大。"他所描述的就是反脆弱。的确如此，即使你经历了最极端的困苦，你也可以在逆境中成长，体验反脆弱。创伤可以让我们消沉，也可以使我们振作；可以致我们软弱，也可以令我们更强大。

事实上，北卡罗来纳大学的心理学家理查德·泰代斯基和劳伦斯·卡尔霍恩的研究表明，人们面对困难时更容易获得"创伤后成长"（PTG），而不是"创伤后应激障碍"（PTSD）。[2]

我们大多数人都听说过"创伤后应激障碍"，它涉及一系列创伤后果，包括创伤经历再现、焦虑、抑郁、难以集中注意力和睡眠障碍等。其实还存在着另一种潜在结果，一种对人们有益的结果，那就是"创伤后成长"。遗憾的是，我们无法保证人们在经历创伤后一定能获得成长，但是，一定存在一些方法可以提高我们获得创伤后成长这种有益结果的可能性。在我看来，幸福科学的一个核心目标，正是帮助个人、家庭、组织和社区去理解和运用这些方法，使人们能够从这次疫情或其他任何困境中得到成长，有所收获。要想具备反脆弱性，我们有非常多的事情可以做。

从研究到自我研究

我写这本书，正是为了让你能在动荡纷扰的时代，获得内心的安宁和镇定。你可以从书中的观点和方法中寻求帮助。最重要的是，你可以运用并实践这些方法。我是一名心理学家和学者，在我的职业生涯中，我做过大量的学术研究。然而，比研究他人更重要的，是自我研究。一般的研究，通常是观察别人做了什么，评估他们的行为，再对行为的后果加以分析。自我研究则是在自己身上做同样的事情，观察自我的内心，尝试做出改变。

我非常喜欢读人物传记。有太多的东西可以向那些人物学习，尤其是那些贡献特殊、成就杰出的人物。我最喜欢的传记之一是受人尊敬的印度领袖和革命家——圣雄甘地的传记。甘地自传的副标题是"我体验真理的故事"。留意到他的用词了吗？他没有写成"找到真理"，也没写成"发现真理"，而用了"体验"这个词。终其一生，甘地为捍卫社会公正不断地进行着各种尝试，他始终在经历和体会。而这也正是我希望你们在读这本书时去做的事。是的，你将看到许多关于幸福的研究，收获诸多应对生活中不安与慌乱的技巧。但更重要的是，我希望你不仅是了解这些知识，而且能亲自应用这些理念和技巧，看看它们如何对你起作用。有一些策略与你人生旅途中的当下阶段高度相关，有一些于你的未来有益，有一些可能压根没什么用处。但是，如果不亲自尝试，你很难知道哪些对你真的有用。

尤其在某些迷茫的时刻，我们常常听到太多劝告的声音，不管我们当时的角色是父母还是员工，不管这些建议针对的是我们的个人生活还是职业发展，它们都在告诉我们应该做什么，不应该做什么。通过这本书，我希望能为你提炼出一些循证信息，使你能基于心理学理论进行自我研究，帮你在混乱与纷杂中创造出属于自己的条理和秩序。我想给你一些可以直接应用的策略，帮助你现在就变得更幸福。

我之所以开始研究幸福，是因为我曾经不幸福。我不确定我不幸福的程度是否达到了可以被诊断为抑郁症或焦虑症的标准，但我确实在大多数时候都感觉很难过，而且承受着巨大的压力。这激发了我对积极心理学的兴趣。30 年后，人们问我："现在，你终于幸福了吧？"我的回答却是："我不知道。"可我知道的是——我比以前更幸福了！正如你将在这本书中学到的，培养反脆弱性的目的不是让你从此一直快乐下去。我不相信人可以永远快乐。幸不幸福并非一成不变，也不是非此即彼，并不存在某个临界点，在临界点的这边就是幸福，那边则是不幸福。幸福体验是一个不断进阶的过程。在过去的 30 年里，我在这种连续的幸福体验过程中已经取得了巨大的进步。我当然希望 5 年或 10 年后的我，比现在更幸福，也希望你们同样如此。这就是为什么这本书是关于如何变得更幸福的，而不是关于如何永远幸福下去的。这是一场延续一生的旅程，直到生命的尽头。

成功和幸福的神话

幸福到底是什么？幸福为什么重要？如何得到幸福？

在我们为幸福下定义之前，让我先来分享一些研究。这些研究中都存在一种误解，一种对幸福、对幸福在生命中的角色，以及如何获得幸福的普遍而根深蒂固的误解。大多数人相信，成功是通往幸福的路径。"只要我实现梦想——实现某个目标，到达某个里程碑——我就可以从此幸福下去。"又或者，经历重大失败之后，有人会认为："我的梦想结束了！一切都毁了！我无能力了！我从此再也不会幸福了！"在这个公式里，成功是因，幸福是果。可事实和研究证明，这个公式不但错误，还错得离谱。

很多学者都对"成功会带来幸福"这个公式发起了挑战，哈佛大学教授丹尼尔·吉尔伯特便是其中之一。他对大学教授们职业生涯最重要的时刻，即他们获知是否被大学聘为终身教授的时刻进行了研究。[3] 吉尔伯特问教授们，如果他们得知自己将成为终身教授，在那一刻，他们将会有什么感受？大多数人都预测说，如果得到终身教职，他们以后每天都会感到幸福和快乐。而如果没能获得终身教职，那么他们将在未来很长一段时间内处于崩溃状态。毕竟，获得终身教职是教授们都在努力追求的目标。获得终身教职通常需要 15 年的时间，被聘为终身教授意味着再也不用担心被解雇，再也不需要承受发表论文的压力，从此可以永远留在任教的大学。然而，当结果宣布以后，实际情况又是什么样呢？那些获得终身教职的教授在听到消息时的确欣喜若狂，而那些没评上的教授则只是受到可承受的打击，并没有从此一蹶不振。从长期来看，这一重大事件对他们幸福或不幸福几乎没有什么影响。换句话说，教授们普遍过分高估了这一重要事件对他们日后幸福的影响。这件事被大多数教授认为十分重大，可能会改变自己的一生，但实际上，它仅仅带来了一时的喜悦或暂时的低落，仅此而已。

类似的研究也在彩票中奖者身上进行过。[4] 有多少人想象着一旦有一天自己中了彩票，今后生活各方面就都可以得到永久的改善，从此生活无忧？而事实却证明，即使获得了意外之财，那些被认定会发生的事情也并未发生。彩票中奖者在中奖那一刻的确体验到了极致的喜悦，正如那些获得了终身教职的教授一样。可是没过多久，这种喜悦就消散了，中奖者或教授们又回到了原来的样子。生活中常常不开心的人依旧不开心，在经历了短暂的快乐高峰后，他们又回归到了原来的幸福状态。生活中其他重大事件对我们的影响也大多如此，比如举行婚礼或经历失业，通常而言，我们在经历短暂的情绪高峰或低谷后，都会迅速回归到我们在经历这件事之前的幸福状态。

我在哈佛教书的时候，曾在我的学生中做过一次非正式的调查。我的班上有大约 1 000 名学生，我让他们回想去年的 4 月 2

日，或者前年的这一天。为什么是 4 月 2 日呢？因为在这一天，大学录取通知书通常会以邮件（现在是电子邮件）的方式送达，通知你："恭喜，你被录取了！"或者是："非常遗憾，我们今年竞争太激烈了。（你未被录取。）"既然这些学生都坐在我的课堂里，他们当然都收到了录取通知。我对他们说："如果你在 4 月 2 日那天的感受处于非常高兴和狂喜之间，请举手。"几乎所有人都举手了。然后我说："如果在 4 月 2 日那天，你认为你余生都将一直开心下去，就请把手继续举着。"几乎所有的手都没放下。为什么？因为他们读高中时就不断有人跟他们说，并令他们深信不疑："你可能现在每天都备受煎熬，承受巨大的压力，但是一旦你被顶级的名校录取，这些付出对于你的一辈子都是值得的。"显然，他们信了。我接着说："如果你觉得今天你仍然开心，那么把手继续举着。"我没说"非常开心"，也没说"欣喜若狂"，我只是说如果感到"开心"而已。大多数同学都放下了手。

美国绝大多数大学生都备感压力，被各种各样不得不完成的任务淹没。[5]青少年和青年人的抑郁指数不断飙升，这在新冠病毒肆虐全球之前就已经开始了。[6]人们的精神健康情况并不乐观，可人们依旧相信成功会把他们带向幸福的乐土。不，它不能！

成功的确会让你经历高光时刻，而失败会让你坠入低谷，然而，这些起起伏伏的情绪转瞬即逝，它们无法成为幸福或不幸福生活的基石。如此说来，成功和幸福之间就没关系了吗？当然不是。事实上，两者之间的关系非常紧密，但却与多数人的认知截然相反。并不是成功带来幸福，而是幸福带来成功。

为什么幸福很重要

心理学家和组织学专家不断证实，如果你提高自己的幸福水平，即使只提升一点点，你必定会更加成功。[7]这个成功并非仅仅指传统意义上的实现目标的成功，而是指更广泛的、更多维度上的成功。作为父母、伴侣、员工、教练或朋友，你都可以更成功。

无论你是职场人士，还是学生，哪怕只提高一丁点儿的幸福水平，你都会变得更有创造力、更富革新精神。无论工作上还是学业上的效率和专注水平，都会随着幸福感的增加而显著提高。通常，幸福水平的提高还会让我们变得更善良、更慷慨，减少我们的暴力倾向和不良行为。我们的心理和生理免疫系统相互关联，持续增加的幸福水平加强了我们的心理复原力，同时也强化了身体的复原力。快乐的人更健康、更能抵抗疾病，（同等条件下）也能活得更长久！[8]

当我们享受幸福水平不断提高带来的好处时，受益的人可绝不仅仅是我们自己。幸福能改善人际关系，这一点对我们来说实在太重要了，因为我们绝大部分人在相当长的一段时间里会待在同一个地方，与同一群人相处。[9]当然，这并不是说，只要一个人幸福了，那么他就可以避免与他人的所有冲突。你仍然会时有不满，也肯定会和别人有意见分歧，这可能使你连续数日都感到抓狂，你无法忍受与意见相左的人保持亲近。没关系，冲突和分歧都是"生而为人"要经历的一部分。但是，你要知道的是，即使幸福感只有一点点提升，你在人际关系中遇到的挑战也会变少，你也会更有能力应对这些挑战。此外，幸福是可以传染的，你完全可以通过提升自己的幸福感来帮助周围的人，让他们变得更快乐，从而为建立一个更幸福的世界——一个更美好、更健康、更仁义的世界做出贡献。

幸福是什么？

幸福的定义因人而异，我相信你不会对此感到惊讶。事实上，或许地球上有多少人就会有多少种对幸福的定义，这使得很多人，包括心理学领域的专家，都认为幸福就像"美"：当你看见它、经历它时，你便会知道它。尽管如此，我还是坚持认为，为了理解幸福、追求幸福、获得幸福，给幸福下一个定义至关重要。也许你并不同意我的定义，这没有关系。我并不是说我的定义就是终极真理。不管你采纳我的还是别人的定义，都没什么问题。真正重要的是，想清楚幸福是什么，然后拆解它，弄明白如何才能获得它。

我给出的定义，是与我的同事梅根·麦克多诺还有玛丽亚·西罗斯一起提出的，来源于海伦·凯勒的著作，她在 20 世纪早期曾写道："对我而言，幸福唯一令人满意的定义是'完整'。"[10]
把这句话扩展一下，我们把幸福定义为"全人幸福"（whole person wellbeing）。把"完整的人"和"幸福"这两个词放在一起，我们可以给出一个简洁的定义："幸福就是全然为人。"

如果在人们问我幸福是什么的时候，我可以直接回答"幸福就是全然为人"该有多好啊！可是事实并没有如此简单，原因有二。首先，为了让这个定义真正对我们有所帮助并容易付诸实践，我们需要在更精细的层面上对"全然为人"进行剖析，我随后便会讲到。其次，仅有这个定义并不足以说明问题的原因是，我们追求幸福这件事本身就存在自相矛盾的地方。

幸福的悖论

变得更幸福会带来诸多好处——你的生理免疫系统会得到强化，人际关系会成长，生产力和创造力会增强，工作和学业的整体表现都会更出色。即使抛开幸福的这些好处，仅仅是让你"感觉好"本身，就足以让人感觉很好。人类的天性就是寻找愉悦、避免痛苦，人生来就更愿意体验欢愉的悸动而不是痛苦的沉重。

但是，有个客观存在的问题。研究表明，过分看重幸福或一味追求变得更幸福会给我们带来伤害。美国加州大学伯克利分校的心理学家艾莉丝·摩斯等人的研究表明，那些过分看重快乐、声称"只有幸福了我才有价值"的人，最终都会感到更不幸福，并感到更加孤独。[11] 如果不断提醒自己幸福有多重要，以及你多想得到它，结果常常就会适得其反。

这就是幸福悖论：我们越看重它，越想得到它，就越难以抓住它。

当我们尝试变得更幸福时，我们该如何解决这个矛盾？自我欺骗？我们假装不在乎，而内心深处却悄悄地极度在乎？还是跟自己说："我并不想快乐起来（你自己信的，对吧？）……"这会弄巧成拙。幸运的是，有解决方案，我们可以间接地追求幸福。

如果我每天早上醒来都对自己说："我想要幸福，无论如何我一定要幸福！"那我就是在直接追求幸福。这种对幸福的刻意追求会不断提醒我们，幸福有多重要，以及我们是多么在乎它，这会导致它对我们的伤害超过助益。那么，什么是间接追求幸福？我们可以不在幸福本身上较劲，而去追求那些能带来幸福的要素。这样，我们就会将注意力集中在那些可以让我们更幸福的要素上，而不是幸福本身上。

我们来做个类比：想想地球上万物所需的阳光。如果你直接注视太阳会发生什么？你的眼睛会被灼伤。阳光会伤害你，甚至可能会令你失明。那如何才能享受"看"太阳的过程呢？你可以使用间接的方法，比如通过棱镜来观看阳光，阳光会被棱镜分解成七色光，变成绚烂的彩虹，而这时你就可以尽情地享受眼前的美景了。

　　　　　　　　　　　　　　　　　　　　　　幸福的要素

幸福同样如此。一味直接地追求幸福将导致不幸福，这就是艾莉丝·摩斯等人的研究发现。相反，用间接的方式追求幸福——先把幸福分解成多个要素，而后追求这些要素——才是真正让人变得更幸福的途径。用19世纪的哲学家约翰·斯图亚特·穆勒的话来说，就是："只有那些一心只想着自己的幸福以外的目标的人才是快乐的。"[12]

现在，真正重要的问题是，哪些是我们应该集中注意力关注的要素？哪些是我们可以追求的、能让我们间接地享有幸福的光芒的、构成"全人幸福"彩虹的七色光？

攀缘幸福塔尖——SPIRE幸福模型

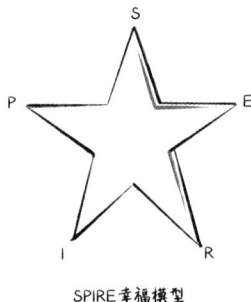

SPIRE幸福模型

为了探索幸福之路，我和我的同事们做了大量的学术研究，梳理了从诗人到哲学家、从神学家到科学家、从经济学家到心理学家的诸多洞见，我们提炼出了可以间接让人们更幸福的 5 个核心要素：精神幸福（spiritual wellbeing）、身体幸福（physical wellbeing）、心智幸福（intellectual wellbeing）、关系幸福（relational wellbeing）、情绪幸福（emotional wellbeing）。这些要素都有助于获得全然为人的幸福，是使人变得越来越幸福的关键。[13] 这 5 个要素的英文单词首字母共同组成了 SPIRE 这个缩写。

精神幸福：我们是否有觉知、有目标地活着？精神幸福是指找到意义和目标感。当然，宗教可以产生意义感，然而，这并非唯一来源。如果一位银行家把她的工作视为使命，而一位僧侣觉得他的工作毫无意义，那么银行家将比和尚感受到更加丰沛的精神幸福。如果我们能够活在此时此刻，而不是为彼时彼地的事务而分神，我们就更能体验到精神幸福。当我们保持觉知时，我们可以将平凡的经历提升到非凡的境界。

身体幸福：我们照顾好自己的身体了吗？身和心彼此关联并相互影响。身体幸福是指通过运动、休息和恢复，让我们的身体得到关照。当我们饮食健康、肢体接触充满爱意时，我们的身心都会得到滋养。

心智幸福：我们会勇敢面对挑战吗？我们有好奇心吗？我们

需要锻炼头脑，不断学习新事物。新冠肺炎疫情带来的一点意外好处是，许多人终于有了比以往更多的时间待在家里，有更多的工夫专门用来学习知识、增长智慧。研究表明，经常问问题、渴望学习的人不仅更快乐，而且更健康。事实上，好奇心有助于长寿![14]

关系幸福：我们是否滋养着那些一直滋养我们的人际关系？

幸福与否的首要判断要素是，我们是否与我们关心和关心我们的人度过高质量的美好时光。我们是社会性动物，需要彼此联系，需要归属感。但这不单单指我们和别人的关系，我们与自己的关系同样重要。法国哲学家布莱士·帕斯卡曾经说过："人类所有的问题都源于无法一个人安静地坐在房间里。"隔离，不代表与世隔绝，通过它我们会学到在与所爱之人分开的时候，如何培养更健康、更幸福的关系。

情绪幸福：我们的情绪是从容而平衡的吗？当痛苦情绪不可避免地出现时，我们该如何应对？怎样更多地培养喜悦、感激和兴奋等愉悦情绪？我们如何能持久地停留在幸福高空，而不只是享受那些短暂的幸福高峰？

以上就是构成 SPIRE 幸福模型的 5 个要素，我们将在本书中逐一深入探讨。"spire"这个词本身的意思是"尖顶"，在这里使用非常贴切。它指的是建筑物的最高点，比如教堂的尖顶。而幸福正是我们人类追求的终极目标，如同我们渴望企及的星空。"spire"还有一个意思是"呼吸"。幸福如同呼吸，它会提升我们的能量、动力和积极性。SPIRE 的 5 个要素合而为一，激发我们活出最好的自己，过上更幸福的生活！

"财富幸福"哪里去了？

最近有个朋友对我说："你需要在 SPIRE 之外添加第六个要素：财富幸福。"他并非第一个提出这个观点的人。当我跟我的学生们谈论 SPIRE 模型时，总是会有人会问，钱的要素呢？我这个朋友甚至想得更远，他说："第六个要素你可以用'富足幸福'（affluential wellbeing）这个词，你的缩略词里可以添加一个字母 A，变成 ASPIRE（意为渴望），这仍然是个不错的缩写！"我确实也这么想过。

而最终我没有加上"富足幸福"，没有把它变成

ASPIRE，原因是财富幸福其实已经被纳入 SPIRE 模型里了。SPIRE 模型的 5 个要素都是人的主要特征，而富足幸福是次要特征。

哲学家关于主要特征和次要特征的分级是如何说的？亚里士多德把人称为理性动物，这其实指的是五要素中的心智幸福。维克多·弗兰克尔和存在主义者认为人类是寻求意义的动物，这说的是精神幸福。约翰·邓恩写过"没有人是一座孤岛"，我们是关系型动物，需要与他人为伴，说的是关系幸福。显然，情绪是人类必不可少的一部分，我们其实不需要西格蒙德·弗洛伊德或大卫·休谟来说服我们相信这一点。说到身体幸福，就是要强化我们的动物属性，这无疑是我们人类本质的一部分（无论称我们是理性动物还是追求意义的动物，我们的本质仍是动物）。几乎没有人视人类为财富生物或财富动物。诚然，金钱确实可以影响我们的精神、身体、心智、关系和情绪，但它只是一种工具，而非人类本身生来就固有的一种属性。

这并不意味着财富不重要，远非如此。财富能够满足我们对食物、衣服和住房的最基本需求，对我们能够全然为人来说至关重要。如果你生活贫困，连生活必需品都没有，这势必影响你和你所爱的人。因此，财富幸福非常重要，尤其是当我们处于财务困难的危机时刻。

金钱对幸福的影响是有上限的，当我们的基本需求得到满足时，这个上限便达到了；一旦越过了这个点，更多财富并不会对我们全然为人的幸福带来更多贡献。有趣的是，一旦我们拥有了可以满足基本需求的财富，对我们的幸福感有更大影响的就不再是拥有更多的钱，而是我们如何使用这些钱。研究表明，把钱花在体验上（比如计划外的休假），会比花在物质上（比如多买一件衣服），带来更大的幸福感。[15] 我们能做到的另一件提高幸福感的事，与"获取"财富相反，是给予。正如我们将在后文中深入讨论的，当我们做出贡献和帮助他人时，我们会变得更快乐。

最后，请记住，追求 SPIRE 模型五要素并不能保证你大富大贵，但既然成功和幸福之间具有必然联系，SPIRE 模型对你收获财富也必将有益。

真正的改变是可能的

变得更幸福的一个重要步骤，是你认识到自己拥有获得更多幸福的力量。心理学家和神经学家，如理查德·戴维森、索尼娅·柳博米尔斯基、杰弗里·施瓦茨和卡罗尔·德韦克等人的研究清楚地表明，幸福水平能够而且确实可以得到改变；幸福感是可塑的，并非一成不变的。[16] 但这并不意味着你的幸福感能够快速而彻底地改变，这是一个需要时间的过程，但迅速获得一些小成功、小收获是可能的。如果你能前进一小步，再前进一小步，长此以往，你将取得很大的进步。

这有点像坐飞机。当你坐在飞机上，看你前面座位靠背上的小电视屏幕时，一般默认的频道是此次航班的飞行地图。你仔细盯着图上的那个小飞机，它看起来好像一动不动。可当你睡着了（或者花了很长时间努力睡着），流着口水醒来时，抬起头再看屏幕，你看到了什么？地图上的飞机已经移动了一大截！一觉醒来，你飞出了老远。同样，当你为幸福而努力时，即使提升缓慢，一开始甚至难以察觉，但随着时间的推移，你终将取得显著的进步。

值得一提的是，无论你做了多少改变、取得了多大进步，你仍然会在生活中不断遭遇艰辛、困难和痛苦。幸福科学不是包治百病的万能药。它不是什么神奇的思维，也不会自动抚平所有的悲伤。它能做的就是帮助你避开不必要的痛苦。正如我们将在第5章进一步讨论的,困境会带来两个层次的痛苦。第一个层次是直接经历的痛苦,比如我们对财务现状的担忧、与伴侣争执后的不安,或者遭遇损失后的沮丧。第一层次的痛苦是无法避免的。第二层次的痛苦则出现在我们拒绝第一层次的痛苦时,或者当我们运动、学习和交友这些人类的基本需求得不到满足时,或者当我们不能活在当下、不去感激和欣赏时。这本书,或者任何与幸福科学相关的书,都不太可能对解决第一层次的痛苦产生帮助,但它对于应对第二层次的痛苦肯定有帮助。

在我即将完成博士学业的时候,整个经济正在下滑。因为我的博士学位有一部分是在商学院完成,所以我被分派了一个帮助本科毕业生进行未来职业准备的工作——帮他们写简历、申请工作、准备面试等。有一天,我做了一场关于就业市场现状的报告。我对毕业生们丝毫没客气,"看,这跟去年可不一样",去年的招聘方还提供签约奖金,如今,家家公司都在裁员。"今年将是充满挑战的一年,"我说道,"你们得加倍努力去找工作。"就在这时,一个学生举起手说:"泰勒,你是我们的幸福课老师,你一向都跟我们讲乐观主义,可在刚才的20分钟里,你却一刻不停地谈论悲观主义。你有什么乐观的信息可以和我们分享一下吗?"

学生中发出几声轻笑,然后便一片寂静。坦白讲,我被这个问题难住了。最初,我想说事情总会有好的结果,但我还没张开嘴巴，就意识到我并不完全认同这句话。事情并不总是有好的结果。所以我回答："这个问题我改天再回答你。"几天后，我给学生送去了我的回答："事情不一定会有最好的结果，但我们可以选择让最好的事情发生。"

无论是当下糟糕的经济，还是灾难性的疫情，它们的出现看起来都远不是什么最好的结果。人们焦虑、挣扎、痛苦，甚至死亡。可不管危机是什么，它已经发生了。我们对过去无能为力，但我们当下和未来的走向却取决于我们。活出人类该有的样子，坚持运动，充分休息，保持善良，不断反思，珍惜人际关系，保持觉知，欣赏生活中的点点滴滴，这些有科学实证的有效方法都可以成为我们的选择，让我们泰然面对不同的环境。

SPIRE自测

在每一章的结尾，你都会发现一个叫作"SPIRE 自测"的练习，它会帮助你评估你的个人进步。这是一项由玛丽亚·西罗斯、梅根·麦克多诺和我共同开发的测试。SPIRE 自测通过审视每个幸福要素、问你几个简单的问题，来评判你当前的状态，并预测你接下来的状态。这个自测将是对于你整体情况的一个评估。以下是这些问题的概述。

精神幸福：你在工作中感受到意义感和目标感了吗？你在家

里感受到意义感和目标感了吗？你是否活在当下？你保持觉知了吗？

身体幸福：你的身体活力如何？你好好照顾自己的身体了吗？你有时间休息和恢复体力吗？你如何应对压力？

心智幸福：你在学习新东西吗？你问的问题足够多吗？你正在进行深度学习吗？你经历过的失败足够多吗？

关系幸福：你与家人和朋友共度高质量的美好时光了吗？你的各种关系都稳固深厚吗？你照顾好自己了吗？你是一个给予者吗？

情绪幸福：你能体验愉悦的情绪吗？你能接纳痛苦的情绪吗？你认为你所拥有的一切都是理所当然的吗？你感激你所拥有的一切吗？

当你做"SPIRE 自测"的时候，依次问自己这些问题，并拿出纸和笔作答。完成自测需要 3 个步骤。

第一步是给每个 SPIRE 要素一个自评分。思考一下这些问题，然后给自己打分，1 分代表非常少或几乎没有，而 10 分代表非常多或非常频繁。举个例子，你感受到意义感了吗？你有多专注或多分心？根据你的回答，给自己的精神幸福打分，然后再给身体、心智、关系和情绪幸福打分。

第二步，在给每个 SPIRE 要素评分后，写下你给自己这个分数的原因。你为什么给自己的精神幸福打 6 分或 4 分？也许你在家庭生活中感到有意义感，但到了工作中时，你的意义感就消失了。在觉知方面，你可能会留意到自己"经常被各种新闻分散注意力"，其实这就是你无法专注于当下的原因。或许你还能发现，原来你每隔5分钟就玩一下手机。针对SPIRE模型中的5个要素，写下你评分很低的各种原因。

最后一步是给出应对办法：对于每个SPIRE要素，尽可能具体和详细地描述出你怎样才能提高自己的分数。不需要一下提高到10分，也不需要提高5分，提高1分就足够了。比如，你可以思考一下，能让你的日常生活的意义感稍微增强一点点的事情是什么？你怎样做才能多关心一下你的朋友？

可能有些方面你对自己的分数很满意。比如你对自己的身体幸福很满意，给自己打了7分，那么你就要想想怎么保持住，或者你也可以不管它，把更多的时间和精力放在其他你想要提高得分的方面。在每一章，我都会分享一些在该章节讲述的要素方面提升幸福感的具体方法。这本书就是要教你如何行动，用科学的、有实证的方法帮助你提高一两分，甚至在未来提高更多的分数。

通过评估这5个方面，我们首先可以洞察我们的幸福基线水平。无论你现在的幸福感处于什么水平，就算仅有1分或2分，你都可以把当下的评分作为基准。请记住，这本书不是教你如何永远幸福的，而是教你怎么变得更幸福的。在接下来的几周、几个月甚至几年里，不断自测和改进，你就能培养起反脆弱的能力，拥有这种能力对应对人生的起起落落非常有必要。

就像一座经过加固的高层建筑可以抵御地震一样，SPIRE 幸福模型可以让你拥有一个稳固的支撑结构，让你即使在灾难中也能发现幸福。大大小小的灾难，无论是自然的还是人为的，都不可避免地会发生。当你脚下的地面突然开始晃动时，你可能会跟着晃动，随之而来的可能是更剧烈的晃动，但你不会崩溃。赶上飓风时，你可能会在狂风中摇摆，但你不会像狂风中的树枝一样被咔嚓一声折断。你不仅能在各种挑战中幸存，还可以成长得比以前任何时候都更强大、更幸福。

即便是在逆境中，你也可以更幸福。

　　　　　　　　　　　　　　　　　幸福的要素

1
精神幸福

智慧永恒不变的特点

就是能在平凡中看到神奇。

——拉尔夫·沃尔多·爱默生

这是一位曾到访意大利的游客的故事。他来到一个建筑工地，周围都是工人。他走近一个建筑工人，问他："你在做什么？"建筑工人说："我在砌砖。"

游客又走了二十码^①，看到另一个建筑工人正在做同样的事情。他问那个建筑工人："你在做什么？"第二个建筑工人说："我正在建造一堵墙。"

---

① 码，长度单位，1 码约等于 0.91 米。——编者注

最后，他在工地看到了第三个建筑工人，做着与其他两个建筑工人同样的工作。游客问他："你在做什么？"建筑工人看着他说："我正在为上帝的荣耀建造一座大教堂。"

不管任务多么死板，挑战多么艰巨，我们的观念都非常重要，它会给我们带来不同的体验。

SPIRE 幸福模型的第一个要素是精神幸福。大多数人把精神与宗教或祈祷联系在一起。然而，这不是必然的。精神幸福当然可以在犹太教堂、基督教堂、清真寺或佛教寺庙体验到，但我们也可以在日常生活中找到它。我们可以通过两种方式体验到精神幸福：当我们发现所做的事情有意义和目标感时，当我们完全专注于当下时。

在我们谈论精神幸福时，需要做一个重要的区分。维克多·弗兰克尔在他的《活出生命的意义》一书中区分了"生命的意义"和"生活的意义"。生命的意义探索的问题，包括我为什么存在？这一切的目的是什么？生命到底是什么？许多人在宗教中寻求答案，或者在某个更伟大的使命中寻求答案，比如终结贫困或应对全球变暖。我们常常很难找到生命的意义，尤其在艰难度日的时刻，光是这个概念本身就让人害怕。相比之下，我们更容易找到生活的意义，它就在我们日常所做的事情中，在当下，在家庭或工作中。我们将主要通过探索生活的意义来体验精神幸福，进而探讨一种可能性——即使在充满挑战的时候，一个人也能更幸福地生活。

目标的力量

你对近些天所做的事情有什么感觉？你做事的动力是什么？

通过一些研究我们可以理解人们是如何看待工作的。密歇根大学的组织心理学家埃米·瑞斯尼斯科和简·达顿针对目标进行了一项令人大开眼界的研究。[1] 他们发现人们对待自己的工作有3种截然不同的看法。

有些人把工作仅仅看作一份差事——一种纯粹出于金钱需要而做的苦差事。因为没有其他选择，你不得不工作。如果你属于这一类，那么对于你来说，工作就是一项不得不尽的义务。工作中你最期待的是什么？也许是轮班的结束、一周的结束、期待已久的假期，或者是你终于可以退休的那一天。

还有一些人将工作视为一种职业，他们要沿着阶梯向上攀登。对他们来说，工作就是在激烈的竞争中获胜。他们把工作看作有前景、有回报的职业。你之所以有动力去工作，是因为你想得到提升，你期待着加薪、奖金和晋升。

还有人把工作视为一种使命。把工作当作使命可以让你体验到目标感。你期待有更多的工作，因为你真正在意它，享受它，并且是因为热情去做工作，而不仅仅是出于责任感或金钱。你的工作对你很重要，它是有意义的。

我们大多数人都会在不同的时刻经历这 3 种状态。有时工作是一件苦差事，有时我们专注于自我提升，有时它是我们的热情所在。问题是，哪种心态占主导地位？你对工作的总体感觉如何？

思考一下，你最认同下面哪句话：

· 我主要把工作看作一份差事。我不喜欢，但我必须做。

· 我主要把工作看作一种职业。我只想晋升和成功。

· 我主要把工作看作一种使命。我对所做的事情充满热情，并认为它有意义。

瑞斯尼斯科和达顿研究了不同公司的员工，收集了员工对工作的看法，依据他们对工作的不同认知对他们进行了分组。在一项研究中，他们去了医院，与不同岗位和不同级别的员工进行交谈。第一批研究对象是清洁工，他们负责清理地板、打扫厕所和更换床单，日复一日。在清洁工中，他们找到了那些把工作视为差事的人——我这样做是因为我别无选择，我需要挣钱来养家糊口，我迫不及待地想下班。还有一些清洁工做着同样的工作，但他们把工作视为职业。对他们来说，工作意味着努力跃升下一个阶层，职级更高，薪酬也更高。同样是在这家医院，另外一些清洁工，清理地板，打扫厕所，更换床单，但他们把工作看得更重要：他们为医生和护士的工作以及病人的康复做出了贡献。

第三组清洁工认为自己的工作是有意义的，他们的行为不出所料非常不同。总的来说，他们更慷慨、更乐于助人、更友好、更愿意与患者谈论他们的情况。当然，即使是第三组清洁工，他们也有把工作当差事的时候，一心只想回家，或者把工作当职业，关心升职和赚钱。但总的来说，他们把每天的工作当作使命。

接下来，瑞斯尼斯科和达顿与医生们交谈，发现他们也可以根据对工作的看法被分为 3 组。对一些医生来说，工作是件苦差事。他们的态度就是："这周赶紧结束吧，我已经干了 20 年了，我已经受够了。"还有些医生通过完成工作任务晋升成为病房主任或科室主任，他们关心的是："我什么时候能加薪？能不能升职？"另外一些医生，对工作充满热情，对他们来说工作是一种使命，他们认为："这就是我这辈子应该做的事。"尽管研究人员发现医生比清洁工更有使命感，但仍有一些医生将自己的工作视为差事或职业。瑞斯尼斯科和达顿以及其他研究人员在工程师、学校教师、银行家和理发师等其他职业中发现了同样的模式。研究证明，你生活中占主导地位的观点会影响你整体的幸福感，以及你在工作中的长期表现。

安格斯·里奇韦是我的生意伙伴，他的姐夫是一名心脏病专家，专长是植入心脏起搏器。他每隔几年都需要取出他曾植入的起搏器，更换电池，然后把它放回去。一天，安格斯和他的姐夫共进午餐，他说："我终于明白你是怎么谋生的了。"他的姐夫回答说："哦，真的吗？我靠什么谋生？"很有幽默感的安格斯说："你是换电池的。"

他的姐夫盯着他说："安格斯，你说得对。有时候看起来我是换电池的，有时看起来，我是在拯救生命。"区别恰恰在这里。

在一个意想不到的场合，我见到了一位有使命感的女士，那是在我申请抵押贷款的时候。几年前，我和妻子找到了我们梦想中的家。当我们意识到它要花多少钱时，那对我们来说简直就是噩梦。但是我们真的很喜欢，很想要那个房子，所以我们决定把它买下来。

第二天我们去银行申请贷款。我们见到了信贷员，我一见到她，就注意到她很特别：她非常快乐。我们坐下来，她和我们一起翻阅了一堆令人心烦意乱的电子表格，但每次点击鼠标，她都非常乐观。"这是 4.1% 的利息！这是 3.9%！这是 15 年的贷款，这是 30 年的贷款！"

最终，我们获准抵押贷款。几个星期后，我们回来签署所有文件，这可不是一个简短的过程，信贷员在长达 40 分钟的会议中一直面带微笑，谈笑风生。会议结束时，我对她说："你喜欢你的工作，是吗？"她回答说："我爱我的工作。"我说："真的吗？为什么？"她回答说："因为我每天都能帮助人们实现他们的梦想。"几秒钟过去了，她看着我们，微笑着，然后补充道："今天，我也会为你们做同样的事情。"她确实这样做了。我和妻子至今仍然感谢她帮助我们实现了我们的梦想。

全世界大概有成千上万的信贷员。我也许是错的——也许只是电子表格让我的眼神呆滞，但敢打赌，那些把自己的工作视为使命的人并不是大多数人，但是他们确实存在，这个事实让我们的问题从"有可能找到使命感吗"转换到"怎么样才能找到使命感"。

使命感的思维模式不仅仅适用于工作场所。假设你家里有小孩，到了晚上 6 点，日常惯例是吃完晚饭然后睡觉。让我们来看看以下 3 个场景。

1. 下午 6 点，你痛苦地对自己说："哦，不，又到 6 点了！"但是，你还是得照顾好你的孩子。这是你的义务。你不情愿地做饭，坐下，吃晚餐。孩子们表现得不太好，你好不容易熬过了晚餐，然后开始洗澡。水溅到地板上——啊！又需要清理。然后孩子们刷牙，他们上床后又想要听故事，还坚持要你读和前一晚同样的《勇敢的小火车头》，火车又爬上了那座山……他们很兴奋，所以你得读给他们听。毕竟，这是你的责任，对吧？最后，他们睡着了。做父母真是件苦差事！

2. 下午 6 点到了，是时候给你的孩子做晚饭了。你决定准备一些蔬菜让孩子们吃。你希望他们健康成长。然后你带他们洗澡刷牙，确保他们认真洗漱，养成良好的卫生习惯很重要。你刚看了一项研究，经常给孩子读故事，孩子将来会更成功，所以你一定要给他们读一本书，即使是你昨晚刚给他们读过的故事。读着读着你自己也快睡着了，但你这样做是因为这关系到他们的未来。为人父母也是一种职业！

3. 下午 6 点到了。当你和你的家人坐在餐桌旁时，孩子们像往常一样玩耍打闹。但你举着叉子停了一会儿，环顾四周，只觉得荣幸："能和我生命中最重要的人在一起是多么荣幸啊！看着我的孩子们是怎么长大的，看着他们聊天，玩得很开心，这是多么荣幸啊！"在洗澡的时候，孩子们玩起了水，你们一起开玩笑、玩游戏、做鬼脸。然后他们刷牙、上床睡觉。入睡前，他们又想听同样的故事。当你读故事的时候，孩子们非常兴奋，就好像他们第一次听到火车爬上山一样。你看到他们眼中的快乐，你感激陪伴孩子的这些珍贵的时光，然后他们睡着了。做父母是一种使命！

我和妻子有 3 个孩子。你认为每个夜晚我们都认为为人父母

是我们的使命，对吧？当然不是！大部分父母其实都做不到。我们每天都面临着挑战。当孩子惹恼我们的时候，我们就想："拜托，赶紧让这一天结束吧！"虽然你不需要每时每刻都体会做父母的使命感，但你能多一些像场景 3 这样的精神体验吗？你每天能多抽出一点儿时间，哪怕只是一点点，停下来，感受做父母的意义吗？

不管你的责任是什么，无论是在家里还是在工作中，你都能决定如何看待一切。在你的日常活动中找到意义，可以使你的每一天、每一周，甚至你的整个生命都变得完全不同。用瑞斯尼斯科和达顿的话说，就是："即使在最受限制和最常规的工作中，员工也可以对他们工作的本质产生一些影响。" [2] 现在将"常规的工作"改为"常规的生活"。这句话比以往任何时候都更好地描述了我们在经历疫情时的状态。我们醒来，打开咖啡机，回复电子邮件，登录线上会议，我们很少出门购物，没有夜生活，也不出去旅行。日子一天天地过去，我们过着超常规的生活。但是，尽管经常需要社交隔离，总要面对不确定性和焦虑感，我们仍然可以体会到一种使命感。我们可以对我们生活的本质产生一些影响。怎么做呢？那就是去发现我们日常活动中的意义。

这里讨论的并不是生命的意义，那是更大的范畴，我们以后再来讨论这个话题。我们讨论的是为了生活的意义而做出的小小改变，对你来说这个小小改变是什么呢？

使命感

试试这个练习：选择一个常规任务，写下你为完成它所做的事，也就是写一个简单的"工作描述"。对我来说，它可能是为讲课做准备。我坐在电脑前，读读书，然后为课堂演讲写一个提纲，复习几次笔记后，我给学生们讲课，下课后，我分析演讲的进展情况。然后，试着从"使命感"的角度思考相同的常规任务——专注于每个步骤的意义。你为什么这么做？如果你卡住了，试着思考以下几个句子：

这对我很重要，因为＿＿＿＿＿＿＿＿＿＿＿＿。

我对＿＿＿＿＿＿＿＿＿＿＿＿充满激情。

我通过＿＿＿＿＿＿＿＿＿＿＿帮助别人。

从这些角度来思考我的备课任务时，我将这样描述我所做的事：我从阅读世界上最伟大的思想家的精彩内容开始，准备我的课堂演讲。我把材料整合成一个连贯的大纲，这有助于让我更好地理解它，然后，我和其他人分享我所关心的事，帮助他们变得更幸福。讲完一节课，我回去问自己，从课堂提问中我学到了什么？我还可以做出哪些改进？作为一名教师，我怎样才能继续成长，并为人们的生活带来改变？

当你陷入工作低迷期，或者遇到一个又一个障碍时，这个练习对重新调整自己特别有帮助。早在 19 世纪，弗里德里希·尼采就曾写道："知道为什么而活的人，便能生存。"当我们所做的事情有意义的时候，克服困难的道路就变得不那么可怕了。通常，脆弱还是反脆弱就取决于你是否将你所做之事和目标联系在一起：你会走向崩溃或者更加坚强，走向绝望或者保持乐观。

沃顿商学院的心理学教授亚当·格兰特对一批电话推销员进行了研究，推销员的任务是为一所大学筹款。[3] "你好，我是你母校的约翰，你能捐款吗？"你认为这些筹款人最常听到什么回答？毫不奇怪，是"不"。如果他们幸运一点儿，那就是："不，谢谢，我已经捐了。"但通常是"别再打电话来了"或"别打扰我"。他们每天要重复几十次这种令人泄气的对话。

格兰特将筹款的电话推销员随机分为两组。对于第一组来说，一切照旧：他们整天都在打电话。但他让第二组人暂停工作15 分钟。在那 15 分钟的休息时间里，他们需要和一名接受经济资助的该大学的学生交谈，这个学生是他们筹款工作的受益者。如果没有经济资助，许多学生就上不了大学。这些学生对筹款人说："谢谢你所做的一切。"在那 15 分钟里，学生们表达了感激之情：谈论他们在大学里度过了多么美好的时光，在这所大学里学习是多么荣幸，以及他们对筹款人筹集的教育资金有多么感激。之后，筹款人又回到电话旁。

短暂干预的结果是什么？格兰特发现，筹款人发现他们的工作变得更有意义了。他们对工作更有激情，也更投入了。令人惊讶的是，他们也更成功了：他们筹集到的资金比对照组多了 2.5 倍到 4 倍，仅仅是因为他们被提醒自己的工作有多么重要。这一切所需要的只是观点上的一个小转变。

现在，花点儿时间想一想，你所做的事的真正价值和意义，无论是帮助你的孩子做作业，洗盘子，和你的伴侣核对账单，照顾年迈的父母，与客户谈判，还是在工作中完成一项艰巨的任务。这不需要花太多的时间，只需要几分钟。这会让一切都变得不一样。

正念

我们也可以通过正念冥想来体验精神幸福。我们可以练习不受干扰地觉知当下。正念就是感知当下，最好是不加评判地感知当下。它可以是感知呼吸，感知身体，感知一个物体、一项活动或任何其他事物。

研究正念冥想的文化传统和著作可以追溯到几千年前，包括印度思想家帕坦伽利的佛学经典，中国的道家思想和《西藏度亡经》，以及基督教神学先驱斐洛的精神练习，等等。在每一种文化传统中都有很多关于感受当下的重要性的讨论。今天，我们有证据证明这些传统的追随者早已知道的事实：正念对健康有很多好处。

我们经历的大多数至暗时刻都是因为我们无法活在当下。我们越是活在当下，我们所经历的快乐时刻就越多。越南佛教僧侣一行禅师说："如果我们活在过去，我们容易抑郁；活在未来，我们容易焦虑；只有活在当下，我们才会敞开心扉。"[4] 那些经常练习正念的人说，他们感觉更平静、更满足。此外，有神经科学研究证明，冥想对大脑本身的结构有明显的影响。

直到 20 世纪后半叶，大多数心理学家和神经学家都认为，大脑的构造在本质上是固定的，它的神经组成和结构是由基因和早期的童年经历决定的。但最近，在现代技术的帮助下，关于神经可塑性和神经形成的突破性研究明确地表明，我们的大脑确实会发生变化。[5] 事实上，我们的大脑一生中都在不断发生变化，从出生的那一刻起一直到死亡的那一天。事实证明，塑造我们的大脑，改变我们的神经回路，进而促进整体健康，最有效的方法之一就是正念冥想。[6] 多亏了脑电图、核磁共振和其他神经影像等技术，我们发现，一个长期坚持冥想的人的大脑看起来完全不同于一个不做冥想训练的人的大脑，冥想者的大脑会更快乐。

关于正念冥想的重要性有很多研究。马萨诸塞大学医学中心减压诊所的创始人乔恩·卡巴特 – 津恩和威斯康星大学麦迪逊分校健康心智中心主任理查德·戴维森共同进行了一项研究，阐述了冥想的基本好处。[7]卡巴特－津恩和戴维森邀请受试者参加为期8周的正念减压项目。这个项目包括每周3小时的冥想课，以及家庭作业——每天独自冥想45分钟。8周结束后，研究人员将完成这门课程的受试者的情绪与那些对学习冥想感兴趣但尚未开始这门课程的受试者进行了比较。他们发现，参加了为期8周的冥想课程的受试者体验到了更多积极情绪，焦虑水平下降，更善于社交，更外向。这门课程对幸福感产生了真实的影响。

调查结果不仅基于自我报告，研究人员还采用了生理反应测量法，结果也十分显著。具体来说，他们测量了前额叶的神经活动。前额叶是大脑中负责复杂情绪、认知和行为功能的部分。左侧神经活动更多的人往往更快乐，而右侧神经活动更多的人往往更抑郁。左右侧神经活动比例与人们对愉快情绪的敏感性、对痛苦情绪的适应力，以及保持冷静的能力密切相关。研究人员发现，在为期8周的项目中，受试者的大脑发生了显著的变化：相较于右侧神经活动，左侧前额叶变得更加活跃。虽然他们的大脑并不像那些常年冥想的人那样"积极"，但是经过短短两个月的时间，他们已经有了一个重大的变化。他们变得更快乐了，脑成像清楚地显示了他们的进步。

作为研究的一部分，研究人员会给受试者和对照组注射感冒病菌，并测量他们的免疫反应。令人惊讶的是，那些参加冥想项目的人的身体里产生了更多的病菌抗体。也就是说，他们的免疫系统增强了，身体和心理上都变得更有韧性。经过短短 8 周的正念冥想练习，他们变得更健康、更快乐了。

什么是冥想？

"gom"这个词在藏语中是"冥想"的意思，字面意思是"熟悉"。所以冥想就是要熟悉一些东西。我们可以对呼吸进行冥想，观察它，了解它；我们可以在保持瑜伽姿势的同时，感知身体的感觉；我们也可以对情绪本身进行冥想，探索我们正在感受的情绪。[8]

我们经常被很多任务和义务消耗，被那些盘旋在我们头顶上的对未来的担忧吞噬，被"应该做"的事情拖住手脚。佛教徒把心烦意乱称为"猴子脑"，就像猴子在藤蔓之间不停地跳跃，一刻也不停歇。冥想的目的是让猴子脑得到休息，让它停止跳来跳去，因为当我们让猴子脑休息时，我们会看得更清楚，对我们观察到的东西也会更熟悉。

非洲有一则寓言故事，讲的是一只河马，在过河的时候丢了一只眼睛。河马开始疯狂地寻找它。它朝身后看，朝前看，朝两边看，朝下面看，都没有找到。河边的鸟和其他动物建议河马休息一段时间，养精蓄锐，但它拒绝了，担心再也找不到自己的眼睛。于是它继续拼命寻找，但是没有成功，直到它累得不行了，不得不休息一下。它一停下来，平静下来，河水也平静下来。被它搅起的泥浆沉入水底，水变得平静透明。在水底，它看到了自己丢失的眼睛。同样地，为了看清一个事物，并熟悉它——无论是我们的头脑、一个词或一种情绪——我们需要停下来，休息，让混浊的水沉淀下来，只有这样，真相才会浮出水面。

冥想练习主要有 4 个指导原则。不是每一个专业冥想者或学者都会同意我的观点，但我发现这些是最常见和最重要的。[9] 它们是：

1. 专注于一件事。只关注一件事，不管是你的呼吸、姿势、感觉、声音、某个物体，或是任何内在或外在的东西。

2. 回归专注。正念冥想的关键不是保持专注，而是回归专注。换句话说，重要的不是持续和不间断的专注行为，而是在你走神的时候觉察到它并重新回归专注。

3. 慢慢地、轻柔地、深深地呼吸。最能促进健康、有益身心的呼吸就是"腹式呼吸"，我们吸入空气，使之充满肺部，直到看到腹部的起伏。

4. 接受冥想没有好坏之分。暂停评判，接受当前的体验；用好或坏评判一个练习或评判我们自己，与正念冥想的精神背道而驰。例如，我们是否 98% 的时间都集中了注意力，或者我们是否经常走神，这些都无关紧要。不管我们因为这个练习而感觉更好，还是感觉更糟，或者完全没有效果，都没关系。

通过冥想获益的关键在于重复。加州大学洛杉矶分校的精神病学家丹尼尔·西格尔写道："就像人们每天通过刷牙来保持牙齿卫生一样，正念冥想也是保持大脑卫生的一种形式——它清理并加强大脑中的突触连接。"[10] 就像你每天以刷牙开始和结束一样，你也可以以冥想开始或结束你的一天。

每天只需做 3~5 分钟的冥想，持续练习，它就能对你的整体健康产生积极的影响。如果你能做 20~30 分钟，就更好了。短期的冥想过程类似于一个快速的淋浴，长期的冥想过程就像在一个豪华的浴缸里沐浴。两者都是净化的过程。

简单的冥想方法

如果你想体验一次短暂的冥想，那就开始吧！

去一个安静的地方，一个人待着。找个舒服的姿势，你可以坐下，也可以平躺，只要你感觉舒服就行。你可以闭上眼睛，也可以睁开眼睛，没关系。

当你处于这个舒适的姿势时，伸展你的脊柱，从尾骨一直延伸到脖子，保持脊柱挺直，但不要紧绷。

如果可能的话，用鼻子呼吸。如果不行，用嘴巴呼吸也没问题。

现在让你的注意力停留在呼吸上，让空气通过你的鼻子或嘴巴进入并充满你的腹部，然后离开你的腹部，再通过你的嘴巴或鼻子呼出去。继续缓慢地、深深地吸气，然后缓慢地、轻柔地呼气。每次吸气时腹部隆起，呼气时腹部内收。

正如呼吸是自然的，走神也是自然的。当你走神时，轻轻地把注意力带回到呼吸上，专注于空气的进出。你无事可做，无处可去。你只是和呼吸在一起，和当下在一起。如果你的思绪游离了，温柔地接纳它，让它回到你的腹部，上下起伏。你想持续多久就持续多久。当你想结束这个练习时，轻轻地睁开你的眼睛。

这只是一个简单的冥想方法。网上有成千上万的引导你冥想的方法，我建议你尝试不同的冥想方式。你一定会找到一些自己喜欢的冥想方式，帮助你回归当下。

　　　　　　　　　　　幸福的要素

在单调中寻找神奇

让我们回顾一下乔恩·卡巴特–津恩和理查德·戴维森的研究。当为期 8 周的项目结束时，研究人员问受试者实际上花了多长时间冥想。请记住，受试者被要求每天冥想 45 分钟。正如预期的那样，研究人员发现，并非所有人都遵守了要求。有些人确实每天冥想 45 分钟。但是也有一些人每天只冥想 20 分钟，或者一周只冥想两次。有趣的是，时间与频率并没有造成不同！那些一周只冥想两次的人和那些 8 周内每天都冥想的人获得了同样的心理和生理上的好处。

为什么受试者即使没有冥想也会受益？答案很可能在于，受试者被提醒要保持正念状态。无论他们是否冥想，他们都保持了正念的状态。你看，我们可以随时随地保持正念状态——就在此时此刻，专注于读到的文字、呼吸、会议或家务。用《活在当下》（*The Now Effect*）一书的作者以利沙·戈德斯坦博士的话来说："正念基本上就是觉知，你可以做正式或非正式的正念练习。当你做非正式的练习时，你只需要试着在所做的每件事上更加专注——这种心态可以被运用到任何事情上。而正念的正式练习就是正念冥想。"[11]

不管是做正式的正念练习（静坐并专注于呼吸），还是非正式的正念练习（在进行活动时，专注于当下，并在自己走神时提醒自己回归专注），都会令我们获益。在这个为期 8 周的项目中，受试者每周都被提醒专注于当下的重要性，因此无论他们每天进行了 45 分钟的正式冥想，还是在从事其他日常活动时做了非正式的正念练习，他们都变得更加专注。

通过正念，我们可以将单调转化为神奇，将平凡转化为非凡，从而提升我们的精神幸福感。当我们为了自由而冒生命危险时，晚餐期间与朋友交谈时，在寺庙祈祷时，或者在工作中创建电子表格时，我们都可以这样做。用一行禅师的话来说，就是："你在任何时刻都有选择，有的选择会帮助你逐渐认清自己的灵魂，有的则会让你迷失方向。"[12]

变得有觉知

在我看来，关于正念的研究给我们最重要的启发是，精神生活不是在某个遥远的目的地，而是在此时此地。与其寻找遥远而虚幻的"从此幸福地生活在一起"，不如在我们喧嚣的旅途中寻找有益于健康的时刻。这些时刻是有价值的。首先，这些时刻本身就是快乐的；其次，它们为我们提供能量，帮我们渡过人生的难关。

你可以很正式地享受当下的感觉，闭上眼睛，专注于你的呼吸；或者用瑜伽体式站立时，专注于身体的感觉。你也可以在一天中的任何活动中通过非正式的练习体验当下的感觉及其益处。无论是吃饭、做家务、散步、写电子邮件，还是和你的狗玩捡东西的游戏，你都可以练习全神贯注。美国作家亨利·米勒曾说过："当一个人密切关注任何东西，哪怕是一片草叶时，它本身就变成了一个神秘的、令人敬畏的、不可言喻的广袤世界。"[13]米勒描述了我们如何通过保持正念，将精神注入这个世界和我们的生命中。如何在日常生活中融入更多正念，从而获得精神幸福呢？以下是一些建议。

倾听

在交谈中，我们会本能地想跳到我们自己想谈论的话题上，无论是因为我们以为自己知道对方要说什么，还是因为我们认为自己知道对方想听什么。不这样做的时候，我们太容易开小差了。我们的思绪在漫游，比如我们会开始想计划里下一件要做的事。当我们在电话里和朋友聊天时，我们可能会同时漫不经心地浏览文章或社交媒体。有多少次我们能真正停下手头的事，只是去倾听呢？我们有没有让自己认真倾听，敞开心扉，认真思考别人说的话呢？

关于倾听的益处，有人针对倾听者和被倾听者做了很多研究。[14]通过集中注意力，倾听者可以享受到非正式的正念练习的好处。被认真倾听的孩子长大后会成为更积极、更自信的人。被上司认真倾听的员工不太可能离开公司，更有可能在工作中全力以赴。毫不奇怪，那些认真倾听彼此的伴侣拥有更健康的关系，更有可能享受二人世界。事实上，任何深层关系（与你的孩子、伴侣、好朋友、父母或同事的关系）的基础都是倾听。[15]

倾听你自己也同样重要，你可以通过写日记或在内心回顾反思你的一天的方式，用心探索自己的想法，全身心感受你的渴望。只是不带评判或批评地写作和体验，就可以让你摆脱束缚，同时帮助你与自我和外部世界建立连接。[16]

断开连接

现代生活的快节奏和对多任务处理的需求使分心，而不是专注，成为常态。扭转这股潮流的一个简单方法是关上手机和笔记本电脑，休息一会儿。来自电子邮件、电话铃声、闪烁的屏幕或背景噪声的持续和不确定的刺激使我们逐渐失去了专注的能力和习惯。把你的手机静音，在家设置"无电子设备"的时间或空间，以及避免一心多用，都有利于我们进行非正式的正念练习。

品味

我们甚至可以从吃饭这件小事上体验正念的好处。几年前，我参加了一场正念研讨会，其中一个练习是吃葡萄干。你在家里也可以很轻松地做这件事。我不是说直接把它放进嘴里，然后马上咽下去，而是真正地吃葡萄干。

首先，拿起一粒葡萄干，观察它的纹理和颜色。葡萄干不仅仅是棕色的，被光线照射的不同位置，还会呈现不同的颜色——紫色、橙色和黑色。然后闻闻它的味道，熟悉它独特的、甜美的香味。现在你可以把葡萄干放进嘴里，但不要嚼。让葡萄干在舌尖滚动，感受它。然后，咬一口，就一口。你注意到什么了吗？

我们必须全神贯注才能品味到一粒葡萄干的所有味道，吃一粒葡萄干可能需要 15 分钟或更长时间！现在，我不建议你每次吃东西的时候都做这个练习。但我建议你这周尝试几次，除此之外，吃饭时要慢慢品尝食物。也许你可以每天花上 10 分钟，甚至一周一次，用你所有的感官来体验一种食物或一顿饭，把这作为一种仪式。当你真正专注于食物的质地、气味和味道时，食物会变得与众不同。

当下是一种礼物

1999 年，积极心理学领域的权威学者米哈里·契克森米哈赖提出了一个简单的问题："我们如此富有，为什么我们不快乐？"[17] 研究表明，尽管我们这一代人比上一代更富有，但我们并没有因此而感到更幸福。事实上，在物质上更富裕的同时，我们抑郁和焦虑的程度也在上升。造成这种不幸局面的原因是多方面的，从人们花更多的时间坐着而不是运动，到虚拟关系的增加和真实关系的减少。总的来说，儿童和成人的心理健康水平下降的主要原因之一，是人们越来越不能享受当下。而分心的解药就是专注于当下。

心理治疗师塔拉·贝内特 - 戈尔曼在她的《烦恼有八万四千种解药》一书中，针对契克森米哈赖的问题给出了生动的答案，解释了为什么我们不断增长的物质财富没有转化为幸福感的提升，以及我们可以做些什么来改变这一点。

最豪华的宴会，最奇异的旅行，最有趣、最吸引人的爱人，最美好的家，如果我们不用心投入，如果我们的思想被其他的事情占据，以上这些都不会让人满足。同样，生活中最简单的乐趣——吃一片刚烤好的面包，欣赏一幅艺术作品，与爱人共度时光——如果我们充分享受，我们将拥有非常丰富的体验。消除不满的良方就在我们自己的心中，就在我们的头脑中，寻找新的、不同的外在的满足之源，并不能填补我们内心的空洞。[18]

贝内特 - 戈尔曼指出，我们拥有无数非正式正念练习的机会，我们可以通过专注做我们所做的任何事情来找到精神上的幸福。然而大多数时候，大多数人都没有专注于当下，错过了获得精神幸福的机会。幸运的是，寻找更多意义的机会是无处不在的。阿尔伯特·爱因斯坦曾说过："生活只有两种方式，一种看似毫无奇迹，另一种看似一切都是奇迹。"当你有意识地投入生活——无论是在瑜伽垫上，独自外出散步，还是和朋友聊天——一切都会变成奇迹，变成一种精神体验。

一种看似毫无奇迹 ← 生活只有两种方式 → 一种看似一切都是奇迹

在我们的日常生活中，我们都经历过一些奇迹般的事情。回想过去的某一刻，你从平凡中看到了不平凡，你突破了难关，体验到了生命的美妙。当你读到一本吸引你的书中的一段悲怆的文字，或听到一段美妙的音乐时，你可能会被打动。当你在公园散步，风拂过你的皮肤时，或者当你在工作中最终完成一个具有挑战性的项目时，你也许体验到了这种非凡。当你看着一个婴儿学习走路，或看到一轮满月升上天空的时候，你可能已经感受到了非凡。所有这些经历的共同要素是专注，而不是漫不经心。你沉浸其中，完全投入，活在当下。

"当下"与"礼物"的英文单词是同一个词，都是"present"，这绝非巧合：这一刻，和每一刻一样，都有可能成为一份礼物。

精神幸福

完成 SPIRE 自测的 3 个步骤——给现状评分、描述问题、解决问题。本次的主题是精神幸福。请思考以下问题：

你在工作中体验到意义感和目标感了吗？

你在家里体验到意义感和目标感了吗？

你活在当下了吗？你保持正念了吗？

根据你对这些问题的回答，确定你在精神幸福上的表现，然后从 1 分 ~10 分给自己打分。1 分是非常少或非常不频繁，10 分是非常多或非常频繁。写出你为什么给自己打这个分数。然后，制定一个方案，从只提高 1 分开始着手。例如，从"使命感"的角度描述某件事，每天两次暂停你正在做的事情，想一想你的目标，开始一个 5 分钟的日常正念练习，或者规定自己每天抽出 1~2 个小时只做一件事情。每周自测一次。

2
身体幸福

有时候，你的喜悦是你微笑的来源；

有时候，你的微笑也可以成为你喜悦的来源。

——一行禅师

无论你的生活过得怎么样，幸福研究总是会与之息息相关。在我们顺利的时候，它很有用；在帮助我们渡过难关时，它也同样重要。它可以帮我们增强复原力，使我们具备反脆弱的能力。总而言之，它可以让我们更好地迎接各种挑战。

我写这本书的时间是 2020 年，正是全球疫情暴发导致停工的时候，许多人在这一年中经历了巨大的人生挑战，采取了各种各样的应对方式。比如，我知道有些人一开始做得非常好，他们按照政策要求保持社交距离、待在家里不出门，这对他们来说很好，因为他们的生活节奏慢了下来，有了更多的时间和家人在一起，静下心来去体会他们拥有什么，而不是对生活中的一切美好都熟视无睹。他们做得特别好。但几乎无一例外，他们从某一时刻开始，都体验到了情绪的急转直下和整体幸福感的骤降。一个念头给他们当头一击，他们意识到这样的生活可不是偶尔发生，而会成为一种日常，他们的工作和生活因此而停滞不前。也有些人在疫情的初期非常焦虑不安，但随着他们开始慢慢接受现实，就逐渐不再感觉那么糟糕了。还有一些人，可能大多数人更符合这种情况：情绪一直在波动。他们有时很快活，有时却感到无比糟糕，时而平静，时而抓狂。几乎所有人的共同感受是，自己承受的压力前所未有。

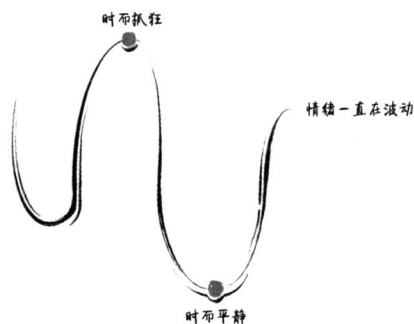

纵然如此，你还是有办法保持乐观的。通过一些简单的方法锻炼身体，提高身体的健康水平，你会发现心理复原力和幸福感都将明显提升。本章将集中讨论身心的联结，介绍心理和生理是如何相互关联、形成一个统一系统的。我们会对该系统进行探索。这个系统有一个特征，就是身体承压会导致精神承压，但如果我们可以正确感知并合理应对压力，那么压力不但不会削弱我们的幸福感，反而会让幸福感增强。

身心合一

要让身体幸福，第一步要做的就是认识到身心之间存在很强的关联。可这并非易事，因为有一种"二元论"观念被广泛传播，给我们形成身心一体的认识带来巨大阻碍，那就是心灵和身体是相互独立、毫不相干的。[1]

为什么二元论观念有问题？麻省理工学院的管理学教授彼得·圣吉曾写过："把一只大象一分为二，是没法变出两只小象的。"他解释说："生命系统具有完整性……它们的特性来源于整体。"[2] 同样，如果我们把一个人一分为二，分成思想和身体两部分，那么它们也无法变成两个人，或者两个可以在我们的培育下独立成长的个体。身体和心灵的区分是人为的而非自然的，如果我们想有所改变，我们就必须把人视为整体。请记住，幸福是要做到全然为人。

身心合一会以各种方式呈现。举个例子，你的想法和情绪是会影响你的身体的，从姿态到表现都会受影响。而反过来，你的动作也会影响你的心态和心情。"面部反馈假设"的研究强调了二者的关联：微笑或皱眉、和善的脸或愤怒的脸，都会让人产生与之相关的情绪。[3]如果你做出愤怒的表情，心率和皮肤温度都会上升，同时你就会真的开始有愤怒的想法。

这可不仅仅局限在我们的表情方面，我们的整个身体都可以用来改变情绪。佛罗里达大西洋大学的心理学家萨拉·斯诺德格拉斯要求一组受试人员以一种特定的方式步行3分钟：昂起头，摆动手臂，大步行走。这样行走是自信、乐观的外在表现。她让第二组受试人员低着头、拖着脚步用很小的步幅行走。这种行走方式与忧郁、沮丧的情绪有关。结果呢？第一组在3分钟的"快乐"步法下更加乐观了。这个实验和其他许多实验一样，都有助于解释为什么我们通常在跳舞或跑步后感觉良好，或者至少较之前好。除了本章后面将要讨论的运动对生理的影响，我们跳舞或跑步时的身体姿态对我们的情绪也会产生有益的影响。[4]

下面是另一个实验，实验结果表明，精神和身体之间的联系是被严重低估的。[5]克利夫兰诊所的科学家们将参与实验的受试人员分成4组，让其中的3组人员每天做15分钟的运动，每周5天，持续12周。第一组人员的运动项目是小手指的"精神收放运动"，即他们只需要想象活动手指即可，不必真的活动手指。第二组人员则要想象他们通过弯曲肘部的动作锻炼他们的二头肌。第三组人员使用握力装置真实地锻炼自己的手指。第四组作为对照组，什么也不做。结果呢？对照组没有变得更强，这一点儿也不意外。同样，可以预见的是，第三组人员通过实际锻炼，手指的力量提升了53%。而令人惊讶的是，第一组人员虽然只进行了精神锻炼，他们的手指力量却增加了35%。他们可没有动过一根手指！想象自己锻炼二头肌的那组人员的力量则增加了13.5%。心灵和身体是相连的，是同一个整体的组成部分。为了发挥我们的幸福潜力，为了全然为人，我们需要更好地利用身体和心灵分别提供给我们的养分。

罗丹的《思想者》

奥古斯特·罗丹所创作的精美绝伦的青铜雕塑告诉了我们非常多关于身心联系的事。这是一个委托创作的作品，创作于19世纪末20世纪初，历时多年才得以完成。最初，它的主题是诗人、哲学家但丁和他的《神曲》。

罗丹曾考虑过让这座雕塑穿着长袍，但最后他决定不将其塑造成一个典型的学者形象。相反，他创造了一个具有强壮身体的思想者。这座雕塑是一个肌肉发达的男性裸体，手托着下巴坐着。他这样的姿势犹如随时要爆炸的线圈，仿佛他立刻就要开始行动了。罗丹为什么要创作一座这种姿势的思想者雕塑呢？他写道："我的思想者在思考的时候不仅用他的大脑，也用他浓密的眉毛，他膨胀的鼻孔和紧闭的嘴唇，还有他的手臂、背部和腿部的每一块肌肉，用他紧握的拳头和紧缩着的脚趾。"[6] 在《思想者》这座雕塑中，思想和身体是统一的。

关于压力的观念

压力是我们的身体在受到威胁时所做出的反应，无论是实在的威胁，还是预感到的威胁。我们的大脑会发出"逃跑、战斗或静止"的指令，身体会释放相应的激素，让我们的心率加快，提升我们感知周遭环境的敏锐度。这将有利于我们逃跑、应对入侵者的挑战或者开展自我防卫。在新型冠状病毒在学校、大学校园和工作场所肆虐之前，压力问题就已经是一个普遍存在的健康问题了。[7] 在新冠肺炎全球暴发之前，澳大利亚就曾发表声明，需要更好地应对民众压力不断上升的问题。

即使在全球疫情暴发之前，我们似乎就已经在应对压力问题上陷入了困境，而现在的情况则要糟糕得多。如今，压力在持续增加，我们也总是在想象最坏的情况，因此，我们很容易就会进入高度警惕的状态。我们的大脑始终保持警惕，时刻留意危险，因为越来越多的问题不断带来压力：也许我们不再像以前那样感到安全或自信；也许我们会对社区的未来担忧、为出行担忧、为经济状况担忧，还会为我们的收入、子女的教育、我们自身以及我们所爱的人的健康担忧。

我们该如何应对这些压力？在过去的几十年里，心理学家和生理学家一直致力于研究压力，无论是工作压力，还是学业压力，或者其他类型的压力，他们的研究结论令人惊讶，并且与我们的直觉相悖。绝大多数人都认为压力阻碍了他们获得健康和幸福。但如果我告诉你，我们一直都想错了，你会怎么想？如果我告诉你，压力本身并不是问题呢？事实上，压力对我们是有潜在好处的呢？[8]

思考一下你去健身房举重这个例子。当你锻炼的时候，你对你的肌肉做了什么？你在给它们不断施压，肌肉纤维会断裂。我们并没把这看作坏事，因为我们知道，我们施加的压力会让我们的肌肉比以前更强壮。假设几天后你又开始举哑铃，一周后你会举更重一点儿的哑铃，你谨慎地遵循每两周增加一次重量的规则，努力锻炼一年，随着时间的推移，你将变得越来越强壮和健康，而这一切正是源于压力！压力不是问题，相反，它会触发你身体的反脆弱系统。

当你健身过头的时候，麻烦就来了。你举起哑铃，一分钟后你就尝试举更重的哑铃，然后一次又一次地增加重量。第二天你就开始强迫自己进行更多的锻炼，然后第三天再增加一些强度。用不了多久，你就会因为强度过大、增加重量过快而受伤。这时你没有变得更强壮，反而变得更虚弱，你感到精疲力竭而不是充满活力。你的肌肉被撕裂，它们还没有机会完成自我修复就再次被撕裂。因此，问题并不在于压力本身，而在于没有得到足够的恢复。

无论是健身房中生理上的压力，还是生活中心理上的压力，问题都不是压力本身，而是没有得到足够的恢复。[9]认识到这种区别可能会改变你的生活。压力一直是生活的一部分。无论是 50 年前还是 5 000 年前，人类一直都承受着各种压力。在遥远的过去，压力来自要面对危险的野兽或为即将到来的寒冬做好准备。今天，压力则从四面八方而来，轮番轰炸着我们：新冠病毒仍在肆虐、汽车发动不起来、孩子们在不断打闹、季度报告需要马上提交、客户的电子邮件上写着"紧急"、咖啡被打翻后洒在了笔记本电脑上等等。可事实上，我们有能力应对所有的压力，并且非常擅长应对它们。想想你每天可以多么熟练地扑灭各种愤怒的小火苗就知道了。现代人的生活与几千年前的人类的生活的区别在于，人类过去有更多的时间来恢复。今天，我们一直处在"开机"状态，面对堆积如山的来自家庭和工作的事务，我们鲜有时间去恢复。我们忽视了这样一个事实：恢复才是至关重要的，这可不仅仅是为了我们的幸福。承受重压和未得到足够的恢复结合在一起，对我们身体和心理会造成极大伤害。[10]

应对无处不在的压力的一种方法是"驶离赛道"，例如，我们可以去喜马拉雅山，在那儿每天花 8 个小时做冥想。但如果这对我们来说不是一个可行或可取的选项呢？有其他选项吗？当然有。我们可以向那些有远大抱负、努力工作、取得了成功还同样健康快乐的人学习。和其他人一样，他们也要面对压力。然而，他们做出了一些不同于常人的反应：他们会在低落的时候，无论是暂时的还是长久的低落，暂停他们极度繁忙的生活，把时间用于恢复，而恢复则有助于使他们重新振作起来。[11]恢复可以是多个层面的：短期的、中期的和长期的。

短期的恢复

短期的恢复，指的是利用好小的时间段，例如，每两个小时休息 15 分钟，喝杯咖啡，做做冥想，或者绕着街区散个步。你也可以安排时间来阅读，空出一小时来锻炼身体，或者利用与客户的会议间隙听听最喜欢的音乐。要激发你的反脆弱系统，你必须得到真正的恢复。利用午间休息的时间打工作电话或回复工作邮件可不是真正的恢复，这会带来更多的压力。

几年前，我的一位同事，一位研究压力的专家，在纽约市的一家贸易公司开设了一个工作坊。他受邀去为员工们做分享，因为此时公司正处在充满压力的煎熬时期，员工们都精疲力竭。不少员工开始在辞职还是留下的选择之间摇摆，而决定留下的人则毫无斗志、表现不佳。我的同事做了一个简短的演讲，阐释了压力不是问题，问题是缺乏恢复。在他的演讲结束的时候，听众们开始振奋并渴望向前迈进："告诉我们，医生，我们该怎么办？"

他对员工们说："我要你们做的，就是每工作两小时就去休息 15 分钟。"

员工们大笑，说道："你在开玩笑，对吧？"

"不，我没有。为什么这样说？"

"我们得时刻盯着屏幕。你知道 15 分钟后全球市场会发生什么吗？我们甚至只能在屏幕前吃午饭。我们不能休息。"

"5 分钟怎么样？"我的同事对他们说。

"不行！"

"那 30 秒呢？"

他们终于同意了 30 秒这个建议。

"好吧，"他说，"每过两个小时，休息 30 秒，在这 30 秒里，我要你们闭上眼睛，然后深呼吸 3 次。用 5~6 秒吸气，再用 5~6 秒呼气。重复 3 次。如果你想更肆意些，那就深呼吸 4 次。但是，"他补充道，"你们必须坚持。每两个小时休息一次，每天都要做。不只是今天和明天，在你们还记得我来过、说过这件事的时候，而是要把它变成一个习惯。"

"说定了。"他们同意了，并坚持了下来。

员工们开始每两小时深呼吸 3~4 次，并说出了这项练习带给他们的整体体验——对他们的幸福感、效率、创造力和精力都产生了真实的影响。为什么？因为那 30 秒的深呼吸让他们得到了必要的恢复，有足够的能量去应对压力。

战斗、逃跑或静止反应是压力反应。深呼吸能产生哈佛医学院的赫伯特·本森博士所说的放松反应。[12] 通常，你只需要 3 次深呼吸，就可以从压力中得到恢复。现在就试试！慢慢地、轻柔地深呼吸，让你的腹部在吸气时鼓起，在呼气时恢复。令人惊奇的是，婴儿在大多数时候都会以这种健康的方式自然呼吸，无论在他们睡着时还是醒着时。成年人，尤其是醒着的时候，却通常不会这样。这既是成年人面对的压力不断增加的结果，也是导致压力有增无减的原因。成年人因为压力大而浅呼吸，浅呼吸又会带来更多的压力，这形成了一个恶性循环。为了打破这种恶性循环，我们需要做深呼吸。亚利桑那大学综合医学中心的创始人兼主任安德鲁·韦尔教授说："如果我只能给予你一个关于健康的建议，这个建议就是学会正确地呼吸。"[13]

幸运的是，这个如此简单又可以有效增加幸福感的方法我们唾手可得，我们几乎可以在任何时间、任何地点使用它。在上班的路上、坐在电脑前、在重要会议前，或者任何我们想要平静一会儿的时刻。只需要全神贯注地深呼吸三四次。在工作日里保持每两小时休息 30 秒，进行一次深呼吸。如果你需要提醒，就设置一个闹铃。每天规律地练习深呼吸会显著提升我们的生活质量。如果你能每隔两小时就抽出时间休息 15 分钟，那就更好了。我建议在你的日常生活中加入冥想或瑜伽。如果你还能挤出时间，那么你可以散散步，或者进行更剧烈的运动。

哈佛大学教授菲利普·斯通是我的榜样和导师。我当了他 6 年的助教，他退休后就把积极心理学课交给了我。斯通教授教会我很多东西。其中最重要的一课是在 1999 年，当时我们正在内布拉斯加州林肯市参加有史以来第一次举办的积极心理学会议。能在会上亲耳听到这么多学者的发言实在让人欣喜，他们的文章我已经跟踪阅读了很多年。大会第二天，午饭后，有人敲我的门，是斯通教授，他说："我们去散散步吧。"

我问："去哪里散步？"

他说："就是随便走走。"

没有原因。不用着急。不需要目的地。就几个字，随便走走，这就是恢复的方法。

中期的恢复

中等程度的恢复是指在生活中休息更久的时间，比如休息一整天。上帝在创造世界后也需要休息一天！这对我们这些凡人来说可是个重要信息。休假一天，不仅能让人更快乐，还能让人更有效率、更富创造力。[14] 恢复也是一项很好的投资。

晚上睡个好觉也是中期恢复的重要形式。关于睡眠对我们健康和幸福的重要性，有很多研究。[15] 为了从每天 24 小时中挤出更多的时间活动，现代人的睡眠时间比他们实际需要的少得多。可有句俗话说："我们无法不睡觉，所以欠下的觉总是要还的。"[16]

成年人每晚通常需要 7~9 小时的睡眠。那些睡眠不足的人，在排除其他因素的情况下，更容易抑郁和焦虑。[17] 睡眠不足还会使我们易怒，更容易对他人发火。成年人也许能够在一定程度上抑制他们的坏脾气，但他们仍然像婴儿一样会受到睡眠不足的影响。不用说，这会影响我们人际关系的质量——我们会因此更倾向与他人打架，惹恼他人，或者被他人惹恼。

睡眠不足也会导致免疫能力下降，我们会更容易过敏，患哮喘、伤风和感冒。研究表明，人在长期缺乏睡眠的情况下，得某些癌症和心脏病的可能性会显著增加。一项研究显示，平均每晚睡 5 小时的女性比平均每晚睡 7 小时以上的女性患心脏病或冠心病的概率会高出 40%。[18]

此外，睡眠不足的人更容易肥胖。当睡眠不足时，身体会发出信号说它需要更多的能量。其中一个信号就是胰岛素。只需要短短 4 个晚上的睡眠不足（意味着每晚睡眠时间不到 6 小时），胰岛素水平就能显著增加。[19] 然后，身体会渴望高脂肪和高葡萄糖的食物，即垃圾食品。这可能会导致肥胖，进而增加人患糖尿病和其他疾病的可能性。

睡眠不足不仅会影响我们的精神，让我们出现黑眼圈，第二天一脸憔悴，还会加速衰老过程。睡眠充足让我们保持年轻。睡眠对性功能也很重要。疲劳是性欲的重要杀手。睡眠不足会降低睾酮水平，并会导致男性和女性的性功能障碍。

睡眠还会影响认知功能。[20] 许多学生，无论年龄大小，都相信即使他们没有按照建议时间睡得那么多，他们也会表现得更好，因为他们拥有了更多的学习时间。那些为了完成更多工作而节省睡眠时间的成年人也是这么想的。这么做短期内可能会有效，在面对截止日时我们甚至不得不这样做。但从长期来看，得不偿失。睡眠充足则会带来巨大回报。当我们有了充足的睡眠时，生产力、效率、创造力和记忆力都会显著提高。

如果以上这些理由都不足以说服你早点儿睡觉，那么你还要明白，疲劳是造成事故的一个主要原因[21]：当反应能力下降、睡意来袭时，人们在工作中或开车时都能睡着。据美国国家公路交通安全管理局估计，在美国，每年可能由疲劳驾驶造成的致命车祸多达6 000起。

睡眠会影响我们的认知功能，而我们的精神和身体紧密相连，因此，我们的生理健康和心理健康都会受到影响。持续的睡眠不足会导致我们无法从压力中恢复，这会让我们晚上进一步失眠，如此反复，我们终将陷入不健康的恶性循环。加州大学河滨分校的教授、睡眠专家萨拉·梅德尼克写道："许多人被认为'压力过大'，其实根本不是压力的问题，他们需要的仅仅是上床睡觉。"[22]

这里有个陷阱。在过去的几年里，我读了很多关于睡眠的书，有时我发现这样做实际上会让我的睡眠更糟！我阅读了所有的研究报告，都是关于一整夜充足睡眠的重要性，以及不睡觉会产生什么严重后果的。于是，当我上床的时候，我会开始想：我现在必须入睡！但当你觉得你必须马上睡觉的时候会发生什么？你知道的，其实你大概率会失眠。所以，我学会了放下这个念头。如果睡不着，没关系。就算你只是躺在床上身体也在恢复。如果你发现自己失眠是因为心烦意乱，想着明天的待办事项，那就试试读本书。不要上网，因为屏幕的光线会降低入睡的可能性。也不要读那些会加重你失眠的新闻报道。你也可以试着深呼吸，缓慢呼吸。如果所有的方法都没用，你晚上也没有睡满足够的时间，那么第二天就小睡一会儿。这总比一整天不睡要好。此外，虽然 90 分钟的小睡是理想的，但 15 分钟的小睡对恢复你的思维能力和改善你的情绪依然有很大的帮助。这对你来说是值得的。如果你醒来时感到昏昏欲睡，那是因为你正处于睡眠周期的中间阶段，用冷水洗脸或者快走几步能让血液流通。你会立刻感到神清气爽、精神抖擞。

长期的恢复

最后，还有长期的恢复。不管是去野营，抽出时间看书，还是连续几天、几周什么都不做，都属于这一层面的恢复，它会让你的身体和大脑从日常工作中彻底解脱出来，从而获得更多的休息。最近的一项研究发现，超过一半的美国人用不完他们的全部假期。[23] 在那些休了假的人中，超过 40% 的人依然被束缚在办公状态之中，例如，他们还会查看工作邮件。如果得不到适当的恢复，你的快乐和活力水平就会下降。反之，从工作中抽出足够时间休息的人，总体上会更有效率，更富创造力。[24] "recreation"（消遣）和 "creation"（创造）之间有词源学上的联系，这并非巧合，我们消遣时正是我们创造的最佳时刻。

花时间休假，真正地休息一下，对于成绩最优异、雄心勃勃的那群人来说，是非常困难的。我们（我说我们，是因为我也是这种类型的人）会觉得，哪怕休息一小会儿，我们就有可能错过一个机会，从而赶不上他人。其他人都在努力工作，不断取得进步，而我们却没有。要改变这种观点，可以试着用 F1（一级方程式锦标赛）赛车手的角度考虑这个问题。赛车一圈又一圈地在赛道上疾驰，如果中途不进维修站，它就无法完成比赛。如果一个赛车手说，哦，如果我现在停下，其他赛车手就会超过我，我可不打算进站！这样会产生什么后果？毫无疑问，这会导致极度危险的情况发生，那就是赛车要么因为轮胎过度磨损而爆胎，要么因为燃料耗尽而停下。这正和人们精疲力竭的状态一样。在你的个人生活和工作中，过度害怕失去最终必然会导致自我崩溃。

无论是从短期、中期还是长期来看，如果我们拒绝进站休息，我们将不可避免地耗尽燃料或失控，然后就会更难回到正轨。即使是状态最完美的赛车也不能无限期地全速前进。不管你有多强壮，适应力有多强，你都需要休息。而且，正是通过休息，你才能变得更强大。压力的好处就在于：我们在经受过压力后，需要时间休息和恢复，而恢复的过程可以激活我们的反脆弱系统，帮助我们变得更好、更健康和更幸福。多久休息一次，一次休息多久，要回答这些问题，我们需要更多的自我探索而不是科学研究。目前，研究表明，我们平均每90分钟就需要暂停一下来恢复，每周至少需要休息一天，一年至少要花几周的时间来度假。[25] 但你可以根据你的实际情况来确定最适合自己的休息节奏。让自己好好休息一下吧！

一次只做一件事

顾名思义，一次只做一件事就是在指定的时间内

只专注于一件事。你必须忽略那些一直被提醒必须要做的其他事情。为了减少压力，你要避免同时处理多项任务，尽可能地投入做一件事。你可能会想，如果同时处理多件事，这样不是可以做得更多吗？如果我能同时把更多的项目从我的列表上划掉，我的压力就会减轻。完成目标和提升效率肯定对幸福有益，同时做多件事也是必要的和不可避免的，但同时处理太多事会增加你的压力并快速消耗你的精力。因此，即使你不得不同时做多件事，在一天的忙碌中一次只做一件事，即全神贯注地做一件事，对你也会有莫大帮助。一次只做一件事可以放松你的身体，集中你的注意力，并给你继续向前的力量。

具体做哪一件事并不重要，你可以全情投入地与家人、朋友或同事在一起共度美好时光，或者只是单纯地处理好电子邮件，其他什么都不做，或者随着音乐翩翩起舞。我把这种一次只做一件事的体验称为"理智的世外桃源"，因为它在这个疯狂忙碌、多任务、多维的世界中给我们提供了一些理智的恢复期。

锻炼

大量的研究都指向一个简单的结论：体育锻炼是非常重要的。[26] 尽管在某种程度上我们都知道这一点，但锻炼通常是人们在忙碌和有压力时最先放置一边的事情之一。

我问我教的大学生什么时候最不可能锻炼以及原因是什么。他们几乎一致表示在考试期间最不可能锻炼。他们认为他们需要时间学习，没有时间锻炼。我的回答是，承受压力的时候正是最好的锻炼时机。运动是从心理压力中恢复的最有效的方法之一，它对应对焦虑非常有效。

有规律的运动，如每周 3 次、每次仅 30 分钟的有氧运动对重度抑郁症患者的治疗效果和最有效的精神药物相同。[27] 锻炼对那些抑郁程度较重、抑郁持续时间较长的抑郁症患者同样有帮助。事实上，运动和药物的作用是一样的，都是释放去甲肾上腺素、血清素和多巴胺，这些都是我们大脑中让人感觉良好的神经递质。[28]

当我看到这些关于运动的研究结果时，"锻炼就等于服用了抗抑郁药"首先映入脑海。但当我进一步思考时，我意识到事实并非如此。不是锻炼等于服用抗抑郁药，而应该是不锻炼就等于服用镇静剂。这不只是语义上的差异。我们天生就不是久坐的生物，也不是要进化成静止不动的生物。我们不应该整天坐在家里，坐在电脑前，不进行一点儿身体活动。我们生下来就要活动，确切地说我们天生就是要奔跑的，无论是为了午餐追逐羚羊，还是为了不被当作午餐而躲避狮子的追捕。如今，长时间内保持一动不动太容易了，手指在屏幕上滑动可不算活动。当我们无法满足身体对氧气、维生素、睡眠或锻炼的需求时，我们就要付出高昂的代价。因为身心是一体的，身体上的问题必然导致心理上的问题。

我们都有一个基本的幸福水平，主要由我们的基因和早期经历决定，而这两个因素都是我们无法控制的。如果我们不锻炼，我们就违背了人的天性，我们的幸福基本水平就会降低，这就是为什么不锻炼等于服用镇静药。

体育锻炼有这么多好处，我们是不是就不再需要抗抑郁药了，就可以把那些药片从药箱里扔出去？完全不是。运动并不是万能的，有时药物治疗是最好的方法。同时，研究也有力地表明，我们需要将体育活动视为一种非常有效的心理干预手段。[29]

16 世纪的哲学家弗朗西斯·培根是现代科学之父，他写道："在控制大自然之前，我们必须先顺从它。"我们天生就需要定期锻炼。这非常重要，尤其是在充满挑战的时期。

动起来，动起来

运动不仅仅指那些在健身房里完成的让你满身大汗的活动。

动起来对我们的健康至关重要。英国剑桥大学的一项研究表明，经常活动的人往往更快乐。即使是伏案工作的人，也需要每隔20~30分钟就站起来走一走，动一动（这是一个短期的恢复方法）。越来越多的医生认为"久坐就像吸烟"，虽然这可能有点儿夸张，但也绝非毫无道理。长时间保持坐姿是不健康的。[30] 一般来说，久坐不动的时间不要超过30分钟。你可以爬几层楼梯，在大厅里走来走去，或去趟洗手间，总之，一定要动起来。动起来对身心健康至关重要。

你经常锻炼吗？如果不经常，也不要为此感到内疚。出去运动吧！记住，运动是你的天性。提升我们的幸福感已经够困难了，不要对抗自己的天性，对抗它会让你更难获得幸福。

那么，什么才是有规律的运动呢？运动的时间和强度因人而异，但每周至少要做3次有氧运动，每次至少30分钟。最理想的情况是每周做5次有氧运动，每次45分钟。如果你做高强度间歇训练（HIIT），你就可以在更短的时间内获得同等的生理和心理效益。你可以在网上找到成千上万套的高强度间歇训练。在高强度间歇训练中加入一些力量训练是很重要的，尤其是在我们慢慢变老的过程中。我的锻炼习惯通常是每周做3次高强度间歇训练，同时穿插力量训练。然而，在像现在这样糟糕的时期，我在自己的计划中增加了每周一次的有氧训练和每周两次的肌肉强化训练。我经常刻意运动，因为我觉得我必须这样做。

你的锻炼方式可以是轻快的散步，即使只是在你的公寓里转转。你也可以跳蹦床，这是我喜欢做的。迷你蹦床不会占用太多空间，相对便宜，而且很容易在网上买到。如果你家里有跑步机，那么把它的灰尘掸去，穿上运动鞋，把它用起来。你也可以出去跑步、游泳，或者打篮球。你还可以找那些高强度循环训练（HICT）在线课程，跟着它们进行心脏和肌肉的强化锻炼。无论你决定做什么运动，在日历上做好规划，然后你就可以动起来了。

跳舞

跳舞实际上是最能提升幸福感的方式！跳舞的人很少感到忧郁。当我们随着我们最喜欢的音乐节拍摇晃身体时，我们通常会忍不住微笑。根据面部反馈假设，微笑会影响我们的情绪，这会使我们变得更快乐。我们跳舞时的姿势也会影响我们的情绪。在家里和你的孩子或朋友办一场舞会，和你的伙伴一起上一堂在线舞蹈课，或者参加一场线下舞蹈课，再或者自己来一段桑巴舞。不管你最喜欢的运动方式是什么，去锻炼吧。它就像没有副作用的药物，或者更确切地说，就像只有积极作用的药物。

儿童与运动

锻炼对所有年龄段的人都有积极的影响。哈佛医学院的精神病学家约翰·瑞迪的研究表明，在安排了体育课的学校里，孩子们通常会更快乐。他们也没有那么暴力。仅仅通过每天锻炼，孩子们身体和语言上的攻击性就会下降60%。经常锻炼的孩子在学业上表现得更好，更有效率、更富创造力，也更专注和投入。锻炼本身，或者作为一种辅助治疗的手段，可以有效地帮助治疗注意缺陷多动症（ADHD）。[31] 无论你的孩子早上是在学校还是在家，我都建议你把锻炼作为他们开启一天的必修课。

勃鲁盖尔的《儿童游戏》

佛兰德艺术家彼得·勃鲁盖尔是16世纪文艺复兴时期最伟大的艺术家之一，他创作了一幅名为《儿童游戏》的美丽油画。它描绘了比利时过去的乡村生活：孩子们在外面玩耍，四处奔跑，做倒立或翻筋斗，骑在别人背上。这幅画是对体育运动的赞扬。它让我想起了我在以色列的童年，在那里我花了无数的时间在户外玩耍。像许多地中海国家一样，以色列的下午2点~4点也是午睡时间，可一旦4点的钟声敲响，我们就会跑到外面玩捉迷藏、踢足球或玩贴标签游戏。我们不停地运动和玩耍，直到晚餐时间。如今，孩子们的生活却非常不同，手指的活动可能会更多，而全身活动却远远不够。

我们能从这幅画中学到什么？如何在生活中进行更多的体育活动？现在是我们鼓励孩子们多做运动的好时机，也是我们成年人重塑童年时期的那种自由精神、尽情锻炼和玩耍、开启新生活方式的好时机。对我来说，这幅画是一个灵感，促使我进行更多的运动，快乐地运动。

衰老

体育锻炼对衰老的影响是不可否认的。一项关于体育活动和衰老之间关系的大数据分析表明，经常锻炼可以使人患阿尔茨海默病的概率降低 52%。[32] 即使你从今天起才开始锻炼，情况也是如此。世界上没有一种药物能达到这种效果。当我听说这项研究时，我立刻打电话给我的母亲。我说："妈妈，记得我以前是如何建议你锻炼的吗？好吧，我再也不只是建议了。我现在要强制你进行锻炼。"一般情况下，我不会那样和我妈妈说话的。不过，我那时就是这么说的。为什么？因为她的母亲，我的外祖母，正是因阿尔茨海默病去世的。我妈妈的姨妈，我外祖母的妹妹，也是因阿尔茨海默病去世的。不幸的是，这种疾病有遗传性。所以，我告诉我妈妈："你必须锻炼。即便不是为了你自己，也要为了你的儿孙。"她把这个建议记在了心上，开始虔诚地锻炼身体，即使在新冠肺炎疫情隔离期间，她也坚持运动。这让我很欣慰。

如果你还没有开始锻炼，那么不管你多大，你都要开始了。循序渐进地开始，最好是在教练或医生的指导下进行，即使起步慢一点儿，也不要进行得过快。如果可能的话，做你喜欢的运动，因为只有你喜欢的运动你才更有可能坚持下去。运动永远都是最重要的，尤其是在你承受较大压力的时候。

蓝区

《国家地理》的丹·比特纳和其他研究人员一起研究了"蓝区"，它指的是世界上人均寿命最高的地区，[33] 包括希腊的小岛伊卡里亚岛、日本的冲绳岛、美国加利福尼亚州的洛马林达、意大利的地中海岛屿撒丁岛和哥斯达黎加的尼科亚。这些地区的百岁老人比其他地方多5~7倍。比特纳撰写《蓝区》的目的是介绍世界范围内健康和长寿方面的最佳生活方式，以便我们能够将其应用到我们的生活中。在书中，他总结道："如果我们采取正确的生活方式，那么我们的生命至少可以增加10年的好时光，并免受那些会过早杀死我们的疾病的折磨。"比特纳提出的许多想法不仅与身体健康有关，更与心理健康有关，与幸福感有关。

蓝区的人们习惯性地进行锻炼，这可能并不令人意外。可他们并不是去健身房锻炼，大多数人生活的地方都没有健身房。他们仅仅是在日常生活中锻炼。有时他们要上山，有时他们要走很长的路去看朋友或去商店。必要时，他们还得扛起或拖拉重物。在我们的现代世界里，生活变得过于容易了。遥控器永远在手边，想吃什么打个电话外卖就到了。为了刷手机而保持举胳膊的姿势，可远远算不上运动。

　　有趣的是，虽然住在蓝区的居民饮食习惯不同，但却有着共同的原则，例如，每天都只吃天然的食物而不是加工过的食品，要吃大量的水果、蔬菜和坚果。此外，事实证明，重要的不仅仅是食物的质量，还有食物的数量。蓝区的居民一直保持着适度饮食的习惯。例如，在冲绳，人们有句谚语，每顿饭前都会说——吃到八分饱就好。相比之下，我们大多数人经常吃到撑为止，然后还会再吃点儿。

　　我们可以在蓝区居民的生活中发现其他 SPIRE 要素。例如，他们享受生活的意义感（精神幸福），拥有深厚的友谊、和谐的家庭关系（关系幸福）。同时，比特纳强调，我们不需要什么都做，也不需要为了达到显著的效果而在生活中做极端的事情。我们可以关注 SPIRE 幸福模型的任何一个要素，然后在某个要素（如身体幸福）上做出微小的变化，这就足以产生巨大的影响。例如，稍微减少我们的饮食量，或者在我们的饮食中增加蔬菜或坚果，都可以起到很大的作用。提到锻炼，比特纳说，在小事上让自己的生活不那么便利是有价值的，比如起床去开关电器，而不是使用遥控器，再比如走走楼梯而不总是乘坐电梯，偶尔步行而不是出门就要坐车、开车。

坚持是关键

可能有一些早晨，当你醒来时，你感觉自己没有精力，我们都有过这样的经历。一个学生对我说："有时我可以做我想做的一切，比如体育锻炼、瑜伽、冥想，但有的时候我真的什么都不想做。"他不是唯一有这种感觉的人。情绪的两极转化是常见的，在压力大的时候更是如此，有时你可能一整天里都觉得精力充沛，可第二天你可能就会觉得精疲力竭。确实，我有时只想躲在房间里什么也不做。情绪低落时要面对的挑战之一就是避免幸福感的螺旋式下降。我们在感到情绪低落时，会对自己说，为什么要那么麻烦去锻炼呢？我们放弃了锻炼，以为得到了休息，结果却是，我们感觉更糟了，然后陷入恶性循环。

幸福感的螺旋式下降通常表现为拖延症，把那些不需要马上做的事情推到以后……那么，幸福研究对应对拖延症有什么好建议呢？[34] 你可以试试"5分钟起步法"，对自己说：尽管我现在不想活动，但不管怎么样我先做5分钟吧，只做5分钟就好。例如，散步、跳舞或玩球 5 分钟。你会发现很多时候，这 5 分钟会让你进入下一个 5 分钟，然后又一个 5 分钟。"5 分钟起步法"不仅仅适用于体育锻炼。在我不想写作的日子里，我经常使用这个方法。在我"起步"后不久，只花了几分钟时间，我就进入了写作状态，可以写上两个小时甚至更长时间。我发现源源不断的能量是在我真正投入某个活动时产生的。

许多拖延的人所犯的错误是相信动力先于行动。换句话说，他们坚信为了做某事，你首先必须具备足够的动力。事实并非如此，那些不拖延或拖延较少的人有相反的行为模式。他们意识到，并不是先有动力再采取行动，而是先行动起来才会获得动力。只要开始行动，只要做起来，你就非常有可能进入兴奋的状态，即使你情绪低落，你也会想要继续下去。有时我们想要做点儿什么，我们需要先假装我们已经做到了。正如社会心理学家艾米·卡迪所说："先假装你成了什么人，直到你真的成了他。"[35]

每周定期锻炼 3 次，即使你偶尔少做一次，你的状态也会发生变化。之前，我们讨论过一天中仅仅偶尔花费 30 秒进行恢复是如何产生作用的。如果你坚持这样做，就真的会有效果。记住，关键是要坚持，只要功夫深，铁杵磨成针。

如果让我选择是进行一次为期一周的禅修，还是每天坚持冥想 5 分钟，我会毫不犹豫选择后者；如果让我选择是每周跑 15 英

里 ^① 或每周跑 3 次 5 英里，我也会选择后者，选更短的距离。为什么？因为长期提升幸福感的关键是做出持续的改变，而不是偶尔为之的短暂热情。

身体幸福

完成 SPIRE 自测的 3 个步骤——给现状评分、描述问题、解决问题。本次的主题是身体幸福。请思考以下问题:

你经常进行体育活动吗?

你照顾好你的身体了吗?

你花时间休息和恢复了吗?

你如何应对压力?

根据你对这些问题的回答,确定你在身体幸福上的表现,然后从 1 分 ~10 分给自己打分。1 分是非常少或非常不频繁,10 分是非常多或非常频繁。写出你为什么给自己打这个分数。然后,制定一个方案,从只提高 1 分开始着手。例如,每周锻炼 3 次,每两小时深呼吸 30 秒,每天至少花一个小时只做一件事,从遥控器上取下电池,等等。每周自测一次。

3
心智幸福

你人生中所能犯的最大的错误

就是不断担心自己会犯错。

——阿尔伯特·哈伯德

　　当明智的希腊哲学家亚里士多德把人描述为一种理性的动物时，他提出人类是因为具备思考能力、理解能力等智慧，才区别于动物成为人类的。但是，亚里士多德所提出的这种将我们区别于其他物种的定义，有益于我们的幸福吗？人们普遍认为，要想快乐，我们得努力成为牧场上的奶牛，像它们那般无忧无虑，我们就"快乐"了。毕竟，这种观点认为，过多的思考会让我们陷入沉思和忧郁的旋涡。就算不是所有人都是如此，对大部分人来讲，若仅仅是每天满足身体的需要，像动物一样活着，长时间下去，一定不会快乐。那么，我们怎样才能最大程度地利用好我们的心智，去提升而不是削弱我们的幸福感呢？

心智幸福有几个方面，在本章中我将讨论其中的 3 个方面。首先，心智幸福和激发你与生俱来的好奇心、求知欲有关。其次，它会让你深入探究一个事物，这可以成为你的快乐之源，让你的思维更敏锐。再次，它会让你更加坦然地面对犯错。只有当我们真正学会拥抱失败，将失败视为一次难得的、重要的经历，而不是让我们害怕和拒绝接受的经历时，我们才能成长到新的高度。

培养好奇心

我们生来就对外部和内心的世界充满好奇，可随着年龄的增长，这种本能有可能会被扼杀掉，而扼杀它的人往往是充满善意的教育者，比如父母和老师。心理学家米哈里·契克森米哈赖写道：

父母和学校都不能很有效地教会孩子如何寻找快乐。成年人常会迷失在各种各样愚蠢的教学方法中，自欺欺人。他们把需要认真思考的内容变得枯燥晦涩，而让那些愚蠢可笑的内容变得令人兴奋或简单。学校从来都没能教会学生们感受、欣赏自然科学或数学可以多么美、多么优雅；学校只会刻板地讲授文学或历史，而不是带着学生畅游其间。[1]

　　用评级、奖杯、标准化的考试和竞赛来衡量成功的做法，正在不断消磨我们对学习的热情和喜爱。孩子们在提问和学习中表现出的热情和兴奋常常被学校作业的枯燥和无聊磨灭。不用说，在这种学习方式中感受不到心智幸福。用教育家尼尔·波兹曼的话来说："孩子们上学时是一个问号，放学时变成了一个句号。"这种学习方式会转变成生活方式，伴随这些孩子长大，导致他们在工作或家庭之中没有参与感。我们没能把自己的生活过得很好，更可悲的是，我们把这种枯燥乏味的学习方法又传给了下一代。

　　值得庆幸的是，想要彻底消灭人类好奇心也是很难的。好奇心会休眠，却不会被磨灭，它急切地等待着被唤醒的那一刻。强烈的求知欲的火焰确实有可能被压缩成一个小火苗，这个火苗在微弱的状态下，不足以让我们对生活充满激情，可火苗依然有潜力重新燃成一团火焰。对学习充满热情是阿尔伯特·爱因斯坦的一个显著特征，他曾写道："事实上，现代教学方法至今尚未完全扼杀人类神圣的好奇心，这简直是个奇迹。"我们不该对这个奇迹视而不见，更不应该依然循规蹈矩，继续以前的教育方式。相反，我们应该尽最大努力燃起人类在好奇心方面仅存的火苗，重新点燃我们对学习的热情。

如果我们已经把好奇心抛在脑后了，我们该如何重新找回它呢？我认为，让好奇心回归的最大阻碍，就是错误地认为自己根本就不具有好奇心。有些人觉得自己问问题、学习和成长的欲望完全消失了，或者压根就未曾存在过。这种错误观念的问题在于，它成了一种自证预言，任何发现兴趣或热情的尝试都会受到它的阻碍。无所求则必然无所获。

想重燃对学习的热爱，第一步是重塑信念，要相信人类天生就具有好奇心。一个人说"我不喜欢学习"就像说"我不爱吃饭"一样。我们可能不喜欢沙丁鱼或黄瓜，但我们与生俱来就可以从吃东西中获得乐趣，至少可以从吃某些东西的过程中找到快乐。同样，我们可能不喜欢学习微积分或古代语言，但我们的天性决定了我们必然能够从学习中收获乐趣。提出问题和发现新知识会满足我们好奇的天性，就像食物和水能满足我们的身体需求一样。食物是人生存和生长所必需的，我们渴望获取食物，同样，学习和成长也是我们所必需的，我们像渴望食物一样渴望学习。

看看婴儿，如果没有好奇心的驱使，婴儿就不会离开婴儿床半步，就不会去学习怎么爬行或直立行走、抓取物品或拥抱他人。[2]

如果你决心重燃对学习的热爱，你应该问的问题不是你是否喜欢学习，而是你喜欢学习什么以及如何学习。有些人可能会倾心于探索数字和符号的世界，而另一些人则可能会被艺术和音乐吸引；有些人可能对人类的起源和进化感兴趣，有些人则可能因思考这一切的意义和目的而夜不能寐；有些人对心理学着迷，有些人则对生物学着迷。幸运的是，我们所处的世界是如此丰富和多元，充满了未知，不存在找不到对象来学习和研究的可能。

除了要纠正自己根本不再有好奇心这一错误的观念，另一个可以帮你重燃学习热情的方法是，假装你很热爱学习，直到你真的爱上学习。康奈尔大学的心理学家达里尔·贝姆进行了一项研究，证明了我们如何通过观察形成对自己的态度，这个过程跟我们形成对他人态度的过程一样。[3]我们如果看到一个人帮助别人，就会觉得他是个善良的人；我们如果看到一个女人坚守她的信仰，就会认为她有原则且勇敢。同样，我们也是通过观察自己的行为来得出关于自己的结论的。当我们努力表现得友善或勇敢时，我们的态度就会向我们的行为方向转变，我们会逐渐感觉到并最终认定自己更友善、更勇敢了。通过这种被贝姆称为"自我认知理论"的机制，行为可以在一段时间后改变态度。既然好奇心是一种对待生活的态度，我们就可以通过行为来改变它：观察我们自己的好奇心，我们实际上可以因此变得更好奇。

所以，如果你觉得对学习失去了热情，那么就假装爱学习直到你真的爱上了它。你可以向朋友或同事请教他们所在的领域内的专业问题，阅读你知之甚少的领域内的文章，或去听听讲座，就一个你熟悉的话题跟人深入交谈。既然我们天生就有好奇心，那么学习的热情必定很快就会被重新点燃。

我们可以培养出对知识的兴趣。以食物来类比，有大量的研究展示了婴儿和成人是如何喜欢上某种食物的。[4] 以黄瓜为例，一个两岁的孩子可能一开始不喜欢吃黄瓜，但在尝试了十几次之后，她就会接受这个味道并逐渐喜欢上吃黄瓜。一个从未接触过黄瓜的中年男子一开始可能也不喜欢黄瓜的味道，但在尝了几次之后，他很可能也会变得喜欢吃黄瓜了，要知道，他大脑的灵活度可比不上蹒跚学步的孩子。我们就是这样通过尝试的方式，不断丰富着我们的口味。与此类似，我们可以通过不断尝试新的想法、体验新事物，来学习如何变得更好奇、更开放。就像我们的口味在不断增加，我们的认知也是在不停提升的。拉尔夫·沃尔多·爱默生曾说过："认知一旦有所提升，就永远不会退回到原来的位置。"马上行动起来，去拓展你的思维吧。通过不断开拓思维，你将从根本上不断提升自己反脆弱的能力，学会如何更好地克服困难。我们在前面的章节讨论过身心合一，不仅是你的大脑会从好奇心中受益，你的身体也会。

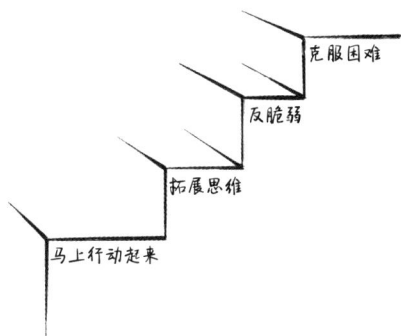

克服困难

反脆弱

拓展思维

马上行动起来

20 世纪的美国作家莉莲·史密斯曾勇敢地反对种族隔离，争取性别和种族平等，她写道："当一个人停止学习、停止倾听、停止寻找和提出新问题时，他的生命就该结束了。"史密斯提倡保持好奇心和终身学习。但是，一个人如果不再有好奇心就应该被判处"死刑"吗？这是不是有点儿过于苛刻了？没错，这可能是有点儿过分。作为一名小说作家，史密斯在探索中提出了这一戏剧性的结论。然而，这句话还是有一定道理的。健康研究者加里·斯旺和多丽特·卡梅利证明了好奇心和长寿之间的关系。[5]在他们的研究中，排除其他因素的干扰，有好奇心的人一般会比没有好奇心的人活得更长。好奇害死猫，但好奇似乎可以延长人的寿命。

向自己提问

我们也可以把好奇的放大镜瞄准自己。古希腊哲学家苏格拉底，被认为是西方传统思想之父，他通过探索和不断提出问题，而不是单纯的讲课和回答问题，来引导他的学生洞察和理解事物的本质。这种教学方法就是我们所说的"苏格拉底式教学法"。在苏格拉底活跃时期的一百多年前，居住在数千英里之外的孔子，被认为是东方传统思想之父，也将"不断提问"置于其哲学思想的中心。有一句著名的谚语，据说出自孔子，或者至少是受他的启发提出的："敏而好学，不耻下问，是以谓之文也。"

提问是我们的天性，这是一件好事，因为它有助于我们的学习和成长。不幸的是，我们总是，尤其是在面对困境的时候，关注那些不起作用的问题，我们更爱问缺什么，而不是有什么。例如，如果最近的生活非常糟糕，我们提出的问题很可能是"你的生活中有什么不顺利"或者"你为什么焦虑"。如果和伴侣的关系变差，我们（以及那些想帮我们的人）很可能会问："你们俩的关系哪儿出了问题？"或者"你们究竟在吵什么？"如果一个公司业绩不好，管理层或请来的咨询顾问通常会问："公司的弱点是什么？"或者"是什么阻挡了发展的脚步？"

这些问题很重要，也是有效的，但越来越多的证据表明，仅仅关注这些问题是不够的，如果我们想要激发自己的潜能，无论是在个人层面，还是在组织层面，我们都必须要跨过"我们缺少什么"这个问题，去关注事情的整体。欣赏式探询的创始人之一戴维·库柏里德指出："我们生活在一个由问题创造的世界中。"如果我们要为自己和他人创造尽可能好的世界，我们就需要不断地问积极的问题："我们发现，我们问的问题越积极，我们改变世界的努力就越持久、越成功。"[6]

为了增加积极改变的可能性，你可以不把关注点放在哪里出了错上面，换一个角度提问。即使在境况糟糕的时候，你也可以这样问自己：在我的生活中有哪些好事情？是哪些潜在的因素带来了生活的平静？在我和伴侣的关系中，是什么在增进我们的感情？我和伴侣之间在哪些方面共鸣最多？我所在的组织的优势是什么？它的竞争优势是什么？

在总结出了在你的个人生活、人际关系或组织层面发挥积极作用的因素之后，你可以继续问：我能从这些积极因素中学到什么？

一个问题就好像一把手电筒，可以照亮一个特定区域，并把你的注意力集中于此。在这个光圈之外，其他的一切都隐没在黑暗之中。如果你问的问题太局限，即使你花了很多时间和精力去回答它，你可能也找不到你想要的答案。做出决策需要你考虑到各种可能性，但你没法考虑到那些你不知道的因素。想拥有更多的决策选项，最基本方法就是选好问题。

12 个新问题

    我列出了一些可以提问的问题，这些问题对我本人和身边人都有帮助。你可以用它们来帮助你渡过难关或向目标前进。请记住，这个清单并不是详尽无遗的，一定还有许多问题在不同的情形下对不同的人更适用。就像你花大量的时间和精力磨炼你的回答技巧一样，你也要在提问技巧方面下同样的功夫。当你不断变换角度去尝试提问，直到有一天变得更善于提出好问题时，新的路径就会呈现在你面前了。这只是可以激发你好奇心的一部分问题，它们可以拓宽你的视野，当然也有助于你做到全然为人。

1. 我什么时候最快乐？

2. 我怎样才能变得更快乐？

3. 我在哪里体验到生活的意义？

4. 我怎样才能找到更多的意义？

5. 我有哪些积极的习惯？

6. 我如何能拥有更多积极的习惯？

7. 我喜欢学什么？

8. 我怎样才能进一步满足自己的好奇心？

9. 哪些因素使我的人际关系更健康？

10. 我能做些什么来改善我的人际关系？

11. 我什么时候感到最欣喜？

12. 我怎样才能给我的生活带来更多的欣喜？

深度学习

迈入大学校门后我选的第一门课是速读。这门课是给新生量身定制的，在沉重的、充斥着各种学习任务的正式学年开始的前一周开课。这门课简直棒极了，多亏了它，我才能够每周读完几百页的文献，原来的我是压根做不到的。速读让我在整个大学和研究生生涯中都受益匪浅，直到今天，它还在帮助我及时掌握每天的 NBA（美国职业篮球联赛）最新消息，帮我了解不断变化的政治格局。速读虽好，可我认为哈佛应该开设一门更重要的课程，这门课程甚至应该在所有的大学和组织机构中开设，那就是"精读"。详细一点儿说，这门课不是关于快速学习的，而是关于深度学习的。

我从我的导师、哲学家罗伯特·诺齐克那里学会了精读。每周，他都会指定一段文摘让我阅读，并让我写一篇报告。然后，他会用一个小时的时间，从我的报告中选取一段话，结合他指定我阅读的内容，对其进行逐字逐句的拆解和分析。这样的分析让我看到了每句话究竟包含了多少层含义。这样练习的效果是显著的。我通过精读学会了深度思考。

那么，深入阅读一篇文章，或一本著作，再或者欣赏一件艺术品或欣赏大自然，究竟有什么好处呢？你为什么要花时间一遍又一遍地阅读同一段文字，仔细欣赏同一幅精美的画作，或凝视窗外大树的倒影呢？这难道不是在浪费时间吗？有那么多精彩的内容，难道不应该在尽可能短的时间内读完更多的东西吗？如果你最想做的是尽可能多地了解一个个领域，那么浅尝辄止也是可以的。但是，如果你希望培养幸福力，追求全然为人，那么你无论如何也要花一些时间来进行深度学习。

首先，深度学习可以给你带来很多快乐。我上高中的时候，所有同学都被要求读《罪与罚》。我读了，但并不喜欢。我还阅读了克里夫的笔记（别告诉我的英语老师），这是一个缩减版，它记录了要在考试中取得好成绩你最需要知道的重点。但今天，在没有作业期限的情况下重读陀思妥耶夫斯基的作品，我喜欢上了这本书。再读时，我乐在其中，我可以与陀思妥耶夫斯基这样伟大的思想者对话，可以参观19世纪的圣彼得堡，还可以思考人类道德的本质。不必追求速度，我有足够的时间去学习、成长、品味和欣赏。这让我想起了与《罪与罚》同时代的亨利·戴维·梭罗写下的一句话："生命并不长，别再赶时间了。"

深度学习的第二个好处是，它可以帮助你在人生的其他方面更加成功。我的祖先来自欧洲，他们都是成功的商人，但没有上过商学院。事实上，他们都没有上过大学，大多数人甚至没念过高中。我小的时候，曾问过我的祖父，他们成功的秘诀是什么。他告诉我，虽然他们没有接受过多少正规教育，但他们都是真正的学者。我的祖先每天都在钻研《希伯来圣经》和《塔木德》，要么是自学，要么是跟拉比学，要么就是和家人或朋友一起学。他们会花费好几个小时只研读一篇文章，就希伯来语原文或阿拉米语原文的翻译产生的分歧展开思考和讨论。有时他们甚至会花上几天的时间来辨别一个句子的意思，或者一个单词的真正含义。

深度学习不仅让他们在神学方面变得更有智慧，也让他们精于买卖。物质世界和精神世界看似相隔甚远，其实不然。学习和了解经典的能力很容易转化为理解商业模式、审查合同或评估潜在客户的能力。此外，这种积极的、快乐的能量，洋溢在深度学习的过程之中。通过充分锻炼我们的心智，我们不但会变得更聪明，还会更快乐。

正如深度学习可以在职场上帮助我们一样，它也可以对我们的人际关系产生积极的影响。信不信由你，我们理解文章、欣赏其复杂性的能力可以增进我们与恋人、朋友、同事或孩子间的感情。阅读是怎么影响我们与他人的关系的呢？我们只有一个大脑、一套神经系统，它们在不同的区域中发挥作用。我们越在一个领域强化浅表学习的神经连接，我们在生活的其他领域就会越依赖它们。如今，人们浏览一个网页平均只需要7秒。我们大多只瞥了一眼，看看有没有我们感兴趣的消息，然后就会点击"下一页"。这导致我们不断寻求新的刺激和新鲜事。这意味着我们的注意力持续时间会变短，我们会更容易感到无聊，我们在生活的其他方面（比如人际关系）同样不断地需要新鲜事物的刺激。换句话说，不能深入理解一篇文章就意味着无法深入了解一个人，这会让我们和其他人的关系变得很浅，在与人相处时我们会很容易感到无聊。相比之下，当花更多时间去深入阅读、重新理解文章的细节时，我们会不断发现更多以前未留意的内容，不断提升理解的层次。一旦我们训练好这些"肌肉"，我们就可以将其应用到人际关系中，从而变得更善于与人深入交往。

没有任何文章能像一个人那样多面、丰富和有趣。一个人简直就是一个新世界。你会发现从另一个人那儿你总能学到新东西。但是，我们需要加强练习。明白了我们大脑的工作机制后，我认为可以这么说，导致如今社会上人际关系日渐疏离的一部分原因，是人们不再愿意锻炼那些用于深度学习的"肌肉"了。

事实上，手握着巴掌大的智能手机，我们可以快速获取海量的信息，里面有大量的文章、帖子、播客、在线会议、网课、歌曲、电影和书籍，它们唾手可得，可这对深度学习却没有一点儿益处。法国哲学家伏尔泰写道："海量的书籍使我们变得无知。"要知道，他可是生活在 18 世纪。如今，信息正在以惊人的速度增长和传播。2010 年，时任谷歌公司 CEO（首席执行官）的埃里克·施密特说过，人类每两天创造的信息比从人类文明的开端到 2003 年人类所创造的信息总和还要多。人们现在任何一天接收到的信息比处在伏尔泰时代的人一辈子接收到的都要多。伏尔泰的话是有先见之明的。他观察到并描述出这样一个现象，当有太多的选择、太多的干扰时，我们就无法集中注意力去深入地学习、真正地学习了。

面对过多的选择时，我们很难决定到底要专注于什么。有句古老的谚语说得好：质量永远比数量更重要。如果你发现自己沉迷于上网，那么你一定要限制你上网的时间或浏览网页的数量，而且要说到做到。如果你没空去听资料库里的每个播客，只专注地听一个也没有关系。关键是要做出选择，而不是担心错过更多。在学习方面，少即是多。

像初学者一样

为了提升心智幸福，我建议你放下手机（别再每天不停地刷手机了），找本书看。事实上，我强烈建议你长期坚持阅读一本伟大的著作。英文教授马乔里·加伯是研究莎士比亚的专家，几十年来一直反复阅读和讲授莎士比亚的作品。尽管如此，她说每次读莎士比亚的时候，她仍然会发现以前没有完全理解或消化的内容。这正是伟大的文学作品能带给我们的。以下是我给你的一些建议：拿起一本你一直想读的好书，这本书可能已经躺在你书架上很久了，开始阅读它。读过后从头再读一遍。在更深层次上回顾和理解它。就我个人而言，我已经数不清到底读过多少遍老子的《道德经》、玛丽·安·伊万斯的《米德尔马契》和亚里士多德的《尼各马可伦理学》了。每次我再读其中一本时，它都会对我产生深远的影响，我对这些书、对世界和我自己的理解都会变得更加深刻。特别是在生活变得糟糕的时候，这些永恒的经典就是我的精神支柱。

好奇心和深度学习是相辅相成的，它们滋养了我们的心智幸福，进而延伸到全然为人的幸福。当你沉浸在你选的书中时，试着像第一次那样去读它，此时的心态被称为"初学者心态"。这是正念的一种形式，经常与冥想联系在一起。初学者心态的基本特点正是拥有好奇心。禅师铃木俊隆写道："在初学者的心中有很多可能性，但在专家的心中却几乎没有。"[7]

心理学家埃伦·兰格，我的导师之一，多年来一直在研究如何进入好奇状态。她会敦促我们"找出新的特征"，去发现我们以前没有注意到的新事物，观察我们看似非常熟悉的事物，找到之前未曾留意的新细节。[8]兰格的研究表明，培养好奇状态可以提高幸福感和健康水平，提升自尊，增加动力，并改善记忆力、学习能力和创造力。正是这种心智上的开放和灵活，让我们为克服障碍和从困难中成长起来做好了准备。

当然，学习可不只有读书这一种方式。学习也可以通过体验大自然之美的方式进行：出去散散步，留心观察外面的世界。你也可以尝试富有挑战性的运动，用这种方式来学习。在由于新冠肺炎疫情而居家隔离的那段时间，我花了很多时间学习新的舞步。相信我，你并不想看到我的舞姿。我必须学习，因为我的认知肌肉（和我的身体肌肉）被充分调动，这让我获益匪浅，也有益于我的心智幸福（和我的孩子们全然为人的幸福，因为他们看我跳舞时被逗得哈哈大笑，我怀疑他们是在嘲笑我，而不是和我一样快乐）。无论你选择学习什么，一本书、一件艺术品、一段舞蹈、大自然，或任何其他东西，获得心智幸福最重要的方式就是不断强化你深度学习的能力。

学不会接受失败，就无法从失败中学习

当你培养你的心智幸福时，当你充满好奇地全身心投入发现生命中的各种宝藏时，我希望你还能做好两件事。第一，你要经历更多的失败。我真的觉得我们失败得还不够多。第二，你要拥

抱失败。很少有人意识到失败对于成功和幸福的重要性。

想象一下那些非常疼爱自己孩子的父母，他们舍不得自己的孩子受到哪怕最轻微的伤害，所以他们决定永远不让孩子摔跤。每次宝宝要站起来尝试走一步时，他们就马上把她抱起来。因为他们知道她一定会摔跤，而且可能还会受伤，然后大哭一场。但要保证孩子不摔跤，他们会付出什么代价？代价就是这个孩子可能永远都学不会走路。

小孩子是不怕失败的。对孩子而言，这是生活中再自然不过的一部分了，因此他们才会在摔倒之后马上站起来，在能写出自己名字之前开心地乱涂乱画，在学会用餐具吃饭之前把地板（和自己的脸）弄得一片狼藉。然而，随着年龄的增长和自我意识的增强，我们不再把精力花在一次又一次的尝试上了，而是越来越专注于如何避免失败和保持完美。

失败可是学习和成长的必要条件。加州大学戴维斯分校的心理学家迪恩·西蒙顿研究了历史上许多伟大的艺术家和科学家，包括莫扎特、莎士比亚、阿尔伯特·爱因斯坦和玛丽·居里等。他发现，这些卓越的人都有一个共同点，那就是他们失败的次数比大多数人都多。[9]

托马斯·爱迪生是有史以来最具创造力和生产力的发明家之一，他获得的发明专利多达 1 093 项，包括灯泡、录音系统、电池等。当爱迪生正在研究适合做灯丝的材料时，一个记者走过来采访他，问到他的研究进展。这位记者评论说，爱迪生已经在这个项目上花费了太长的时间，并建议他把注意力转向其他的发明，因为他都失败超过一万次了。爱迪生回答说："我没失败，我已经发现了一万种不正确的方法。"

爱迪生的名言之一是："失败乃成功之母。"没错，托马斯·爱迪生是当之无愧的巨人。其实他也应该在失败者名人堂中占有一席之地。成就最多的人也失败得最多，这并非巧合。

大多数美国人都知道，贝比·鲁斯是有史以来最伟大的棒球运动员之一。几十年来，他一直保持着本垒打的记录：整个职业生涯中，他完成了714次本垒打。尽管他是一个了不起的击球手，一个鲜为人知的事实却是，鲁斯连续5年在三振出局（击球失败）榜上位居首位。换句话说，和爱迪生一样，他在成功和失败两方面都是名列前茅的。

这对我们有什么启示？有很多关于乐观精神重要性的研究，关于说"是的"（yes）对成功的重要性的研究。接受新的想法，接受各种可能性，接受各种机遇，这才是成功的基础。但在此基础上，另一个与"是的"相似的词同样至关重要，那就是"还没有"（yet）。[10] 是的，我相信我能发明一种新的电池。我已经做了成千上万次实验，目前还没有找到一个解决方案。是的，我能让生意兴隆起来，它现在还没有赚钱。是的，我想通过政治改变世界，我暂时还没有当选。"是的"这个词可以让我们行动，"还没有"这个词则能让我们不断前进，前进，前进。我们无法保证成功一定会到来，但"还没有"这个词能让我们从崩溃中走出来，鼓起勇气再出发，让我们从脆弱走向反脆弱。

用西奥多·罗斯福的话来说，就是：

一个人不应该由那些批评家来评判和指指点点：为什么这个强壮的男人会跌倒，那个实干家在哪里可以干得更好。真正的荣耀属于竞技场里的斗士；他们的脸被泥土、汗水和鲜血弄脏；他们勇猛地战斗；他们一次又一次失误和惨败，因为奋斗必然伴随着错误和缺陷；他们有伟大的热情和伟大的奉献精神，为了使命全然投入；他们知道，如果幸运，他们可以在最终的成功中欢呼胜利；他们还知道，如果不幸遭遇失败，那么他们至少输得勇猛而体面；他们还知道，无论赢了还是输了，他们永远不会和那些根本不知道什么是胜利和挫败的、冷漠而胆怯的灵魂为伍。[11]

米开朗琪罗的《大卫》

几年前，我去伦敦看了一个米开朗琪罗的作品展。在此之前，我曾在米开朗琪罗的故乡意大利佛罗伦萨看

过著名的大理石雕像作品《大卫》。站在雕像前，我发现它的美令人倾倒，米开朗琪罗真是个天才。伦敦的展览与佛罗伦萨的非常不同，它没有展示这位艺术家最著名的作品，而是展示了他那些最著名作品的草稿，比如《大卫》的素描草图。

关于大卫手臂的一组特别的草图一直留在我的记忆中。一共有几十幅手臂的图画，一张接着一张。从第一张开始我就觉得非常完美了。我真希望我也画得这么好，但显然米开朗琪罗对他的第一张画并不满意，对第十张也仍然不满意。他觉得还不够好。他可没有电脑和电脑软件来帮他加快设计速度，于是他不得不一遍又一遍地画手臂的草图，直到满意为止。米开朗琪罗尝试了几十次才终于画出了大卫的手臂。

对犯错误的恐惧

有多少人是完美主义者？完美主义者总是对自己吹毛求疵，鄙视犯错，害怕失败。没有人喜欢犯错或栽跟头，但不喜欢失败和极度害怕失败是有区别的。当我们不喜欢失败时，我们就不得不采取预防措施，加倍努力地工作。另一方面，过度的恐惧则会使人麻痹，阻止我们去尝试。为故步自封所付出的代价将是极高的。当我们勇于行动、冒险尝试时，失败仅仅是一种可能的结果；可如果我们不去试一试的话，失败就是注定的结果。此外，失败很可能是通向成功的一块垫脚石，一个让我们学习和成长的机会。相反，谨小慎微、不敢尝试所带来的失败将成为一块绊脚石，它会阻碍我们的进步。

在求职面试中，人们经常会被问："能否告诉我你最大的缺点是什么？"他们往往回答："我最大的缺点是我是个完美主义者。"我们被教导着要这样回答，以表明"我是一个非常负责任和可靠的人，你可以信任我，我能把工作做好"。我们将这一特质视为优点。但完美主义有其阴暗的一面，那就是对失败的强烈恐惧会渗透到我们生活的方方面面。这正是我们需要克服的。

完美主义会在生活中的许多方面伤害到我们。对我个人而言，我为此付出的最大代价是我的人际关系。因为完美主义者不喜欢犯错，所以每当我的伴侣或朋友指出某个我的缺点时，我都会摆出防御姿态。在争论中，我会不自觉地想（有时会说出来）：我没有错！是你错了！这些年来，我变得更有同情心、更容易接受缺点和失败，学会了把自己看成一个普通人，我对别人的态度才变得更开放了。

解决问题的关键是与自己的不完美和解。同情自己和同情他人同等重要。[12] 当你变得更宽容时，你就更愿意从错误中学习，并能做出更好的决定。即使失败很痛苦，即使打破常规很有挑战性，我们依然要勇于尝试，因为这是追求幸福必不可少的一部分。当你拥抱失败而不是挑剔不完美时，当你可以容忍错误而不是咒骂瑕疵时，你会迎来更大的成功和更多的幸福。

成长型思维

另一种对抗恐惧失败的方法是培养成长型思维，成长型思维就是相信我们有能力去改变。[13] 无论是我们个人的天赋，比如绘画的能力、投篮的能力、经营生意的能力，还是处理人际关系的能力，你要坚定地相信我们所有的能力都是可塑的，我们可以不断提高这些能力。与之相反的是固定型思维，即相信我们要么天生就具备某种能力，要么天生就没有这种能力。我们要么聪明，要么不聪明；我们要么有天赋，要么没有天赋；我们的人际关系要么非常好，要么就永远无法修复。固定型思维不接受进化。

那怎样才能建立起成长型思维呢？一种方法是注重过程，注重达成目标前的努力，而不是注重结果。只要你专注于努力，并珍视整个过程，同样珍视过程中经历的各种失败，你就能建立起成长型思维，而不是把焦点全部放在最终结果上。我们在孩子身上就可以看出成长型思维与固定型思维的不同。为了鼓励孩子建立起成长型思维，我们要转变称赞他们的重点。不要强调他们事情做得多么出色、成绩多么棒，而要多多表扬他们为此付出的努力。我有 3 个孩子，对他们 3 个，我从来不过分看重结果。当他们带着优异的成绩单回家时，我不会说："看到你得了 A 我实在太高兴了！"或者"你简直太聪明了！"我会说："我非常高兴看到你真的学懂了。你花了那么多时间用功学习，现在你真的学会了。"当他们成绩不好时，我也同样不会关注结果，我关注的是他们都学到了什么，以及怎么做可以学到更多。我强调的是努力和过程。

作为父母，最重要的是以身作则。你可以与你的孩子分享你的失败经历，告诉他们你是如何从失败中吸取教训的。波士顿爱乐青年乐团指挥本杰明·赞德有一段精彩的视频，他在视频中教一名少年如何演奏大提琴。赞德有一条原则，就是每当他的学生犯了错，他都会说："多么令人陶醉的演奏啊！"以此庆祝错误的出现，因为每一个错误都是一次学习和提升的机会。

心理安全感

我们如何帮助我们所爱的人，我们的同学、同事或其他人学习和成长，提高他们的反脆弱性？哈佛商学院的埃米·埃德蒙森的研究介绍了心理安全感这一概念 [14]，这种安全感会使人觉得在组织或机构中即使犯错也没关系。例如，假设我是某团队中的一员，如果我觉得犯错或者袒露自己确实不了解某些事，我所在的团队是完全可以接受的，而且我可以失败，也不会因此受到团队成员的排挤，那么这个团队就可以令人具备心理安全感。大多数组织都没有提供令人有心理安全感的环境，也没有给员工提供足够多的试错机会。但是，提供了这种环境的公司会拥有最快乐、最高效的员工。

谷歌是当今世界上最受欢迎的雇主之一，能在谷歌工作的人通常都是表现最出色的人。在谷歌，有一些团队非常高效，善于创新，但也同时存在不那么高效或不那么有创造力的团队。最近，谷歌进行了一项调查研究（众所周知，谷歌是非常善于采集数据的），是什么导致了表现最好的团队和最差的团队之间的差距。[15] 研究发现，表现好的团队普遍都具备更高水平的心理安全感。这些团队成员深知，他们被允许失败，因此，他们愿意不断尝试和不停创新。

这是否就意味着我们始终享有失败的自由呢？作为企业管理者或家长，你是否应该一直为失败开绿灯呢？当然不。首先，边界至关重要，尤其是失败会带来危险的时候。这就是为什么我们要明确禁止孩子做某些事情，比如不能触碰电源插座，关于这个问题，我们不会鼓励他们通过不断实验、在实验中总结经验的方式进行学习。其次，只有当我们愿意也有能力从失败中学习经验时，失败才有用。

我来分享一个关于詹姆斯·伯克的小故事，他是一个传奇人物，强生公司的前任 CEO。在 20 世纪 50 年代，伯克职业生涯的早期阶段，他是一位年轻有为的经理。他刚刚推出了一系列针对儿童的新产品，可市场证明这是一系列"彻底失败"的产品。公司亏了很多钱。遭遇这次重大挫折后，他受邀去面见当时的CEO，罗伯特·伍德·约翰逊二世本人。[16] 迈入老板办公室的时候，伯克就已确信自己要被解雇了。出乎意料的是，约翰逊站了起来，伸出手来向他祝贺。伯克彻底蒙了，他不知道接下来会发生什么。约翰逊接着向伯克解释说，只有通过试验和犯错，你才能学会如何更好地做生意。犯错是完全没有问题的，只要你会反省并将从中学到东西付诸实践。

詹姆斯·伯克不仅没有被解雇，后来还成为强生公司最成功的CEO。他因带领公司度过最艰难的时期，并在任职期间实现了令人难以置信的增长而备受尊敬。伯克的职业历程证明了心理安全感的重要性，让我们看到了容错空间是如何帮我们提高反脆弱性、释放成长潜能的。

研究幸福不是为了到达终点，而是为了发现可以变得更幸福的过程，追求心智幸福也不是为了得到最终的答案，它真正的价值在于探索、发现和学习的过程。通常，我们是从提出问题开始而走上追寻幸福的道路的。

才华横溢的德国诗人里尔克告诫自己和读者，要关注问题本身而不是答案，关注过程而不是结果。里尔克在《给年轻诗人的信》一书中写道："对你心中所有未解决的问题要有耐心，试着去爱这些问题本身…… 现在就带着问题生活吧。也许你会慢慢地，不知不觉地，直到遥远的某一天，在生活中找到答案。"[17]

这就是我希望你们做的：对不确定性要有耐心。问出你的问题，挖掘你天生的好奇心，深度学习，选择一两本伟大的书并沉浸其中。一遍又一遍反复地阅读，充分释放你在深度学习方面的潜力。通过深度学习培养你在其他领域获取成功和幸福的能力。放弃完美，允许自己摔跤，再爬起来就好。

学会接受失败，从失败中学习。没有别的办法。

心智幸福

完成 SPIRE 自测的 3 个步骤——给现状评分、描述问题、解决问题。本次的主题是心智幸福。请思考以下问题:

你在学习新东西吗?

你问的问题足够多吗?

你能够专注地进行深度学习吗?

你失败得足够多吗?

根据你对这些问题的回答,确定你在心智幸福中的表现,然后从 1 分 ~10 分给自己打分。1 分是非常少或非常不频繁,10 分是非常多或非常频繁。写出你为什么给自己打这个分数。然后,制定一个方案,从只提高 1 分开始着手。例如,问自己和别人更多的问题,或拿起一本你喜爱的书,慢慢地重读它,再或者多失败几次(当你失败的时候,为失败的经历和你自己庆贺一下)。每周自测一次。

4
关系幸福

友情能够使喜悦倍增，

让悲伤减半。

——弗朗西斯·培根

什么是获得幸福感最重要的因素？经过近一个世纪的研究，这个简单的问题逐渐有了答案。从 20 世纪 30 年代末开始，哈佛大学的研究人员进行了一项大规模的长期研究，这项研究至今仍在继续。[1]他们对研究对象几代人的生活进行了跟踪记录。研究对象被分为两组：一大群学生和来自邻近城市的居民。通过问卷调查、访谈、心理评估和环境测量等方法，研究人员对参与者的生活进行了研究。历经几十年，收集了大量数据，研究人员一直致力于寻找让生活变得幸福的最重要的因素。

他们发现了什么？想必你猜得到。研究表明，能让生活幸福的最重要因素，不是金钱或名望，也不是物质层面的成功或威望，而是人际关系，特别是能在社交上提供支持的、亲密的人际关系。它能使快乐时光更加美好，也能帮助我们度过困难的日子。这个发现的有趣之处在于，和谁产生了这样的关系并不重要。有些人和伴侣或最好的朋友有这样的关系，而另一些人可能和他们的亲人或同事有这种关系。尽管健康的关系不是幸福的唯一因素，却是最重要的因素。

研究人员提出了另一个问题：什么因素能够最有效地预测出我们的健康状况？当然，我们的身体健康状况由很多因素造成，那到底哪一个因素最重要呢？想必你又猜到了，是关系。亲密关系是健康和幸福的首要因素。它的重要性显而易见，但人们却往往忽视关系，认为人际关系中自己所获得的一切都是理所当然的，不去悉心经营，或随着时间的推移，越来越忽视经营关系。虽然我们大多数人都声称亲情或友情是我们生命中最重要的事情，但其实人们往往并没有投入多少精力去经营这些关系。

当我们审视全球幸福水平的概况时，我们也看到了社会关系对其存在影响的证据。[2] 越来越多的国家开始将国民幸福指数（GNH）视为衡量国民健康的指标，就像国民生产总值（GNP）或国内生产总值（GDP）是衡量经济健康的传统指标一样。尽管美国是世界上最富有的国家，但它并不是世界上最幸福的国家。

中国、日本、新加坡、韩国、德国和英国的国民幸福指数也不是最高的，尽管这些国家在物质上十分富足。那么世界上哪个地方的人最幸福呢？是哥伦比亚、丹麦、挪威、哥斯达黎加、以色列这些国家，澳大利亚也一直位居前列。为什么像以色列或哥伦比亚这样的国家能在幸福感上表现突出呢？一个重要的原因就是社会关系。这些国民幸福指数高的国家，都非常重视社会联系和社会支持，如牢固的家庭纽带或与社区的联结感。例如，在丹麦，93%的丹麦人是社会俱乐部的活跃成员。他们会设置一个场所，在这个地方他们能够持续地与朋友互动，支持他人或获得支持。在以色列和哥伦比亚，和家人在一起的时光被认为是重要的，甚至是神圣的。

"没有人是一座孤岛。"诗人约翰·邓恩曾写道。我们对友谊的需要就像我们对水和食物的需要一样真实。我不是说亲密关系会引领人们走向理想的乌托邦，也不是说拥有良好的关系就一定是完美的事。它们也会带来挑战，尤其是在疫情大暴发期间，更多的人只能被隔离在家。当我们生活在同一个屋檐下，日复一日地和几个人关在一起时，难免会有一些摩擦。在本章中，我们将讨论这些冲突的重要性，我不仅会介绍如何避免这些摩擦，也会介绍如何通过这些摩擦让自己变得更强大。我们还将看到如何在保持社交距离的情况下依然维系好友谊。当保持社交距离和隔离成为常态时，人际关系要如何去经营与维系？即使在生活不那么安定的时候，我也希望给你一些简单易行的建议，帮你改善一切关系，无论是与你的伴侣、家人、同事，还是与朋友之间的关系。

深层关系

深刻、有意义、亲密的关系在我们培养反脆弱能力的过程中起着至关重要的作用，让我们在经历困难后变得更加强大。但是，在隔离、封锁和保持社交距离的大环境中培养这些关系却极具挑战性。我们需要的是实实在在的现实中的联系，线上的互动并不能替代真实的社交。

即使是在新冠肺炎疫情暴发之前，我们就已经在社交媒体上耗费了太多时间，并为之付出了高昂的代价。纽约大学社会学家埃里克·克林伯格指出："在线互动（相较于面对面互动）的时间越长，你就越孤独。"[3] 正如你所料，孤独会侵蚀健康和幸福。除此之外，它还与抑郁症、心脏病和免疫力低下相关。尽管线上交流很吸引人，但有时，我们需要断开一种连接，才能建立另一种连接。像很多事情都要适可而止一样，使用社交媒体也要适度。花20分钟使用社交媒体可能很有趣，但每天在它上面花上3个小时会让你更容易感到孤独。试着在家里设置一段不看任何屏幕的时间，和一片没有任何科技设备的区域，例如当家人一起坐在客厅时不允许使用电脑，在餐桌旁不允许用手机，等等。

对下一代来说，摆脱对科技产品的依赖至关重要。圣迭戈州立大学的教授珍·特温格对青少年的心理健康水平进行了广泛研究。[4]她的发现令人震惊。2012年至2017年，青少年的孤独程度上升了近30%，患抑郁症的比例上升了超过30%，自杀率上升了超过30%。这样巨大的、前所未有的变化，都是在短短5年内形成的。为什么在这么短的时间里，抑郁、孤独和自杀的概率会如此显著地上升？特温格通过分析数据，找出了罪魁祸首。这一切都要归咎于智能手机的兴起。孩子们更愿意盯着他们眼前的设备，而不是坐在他们身旁的人。他们花在网上的时间远远多于和他们关心的人在一起的时间。

基于埃里克·克林伯格对成年人的研究和珍·特温格对青少年的研究，过去每当有人问我到底应该如何培养健康的人际关系时，我的答案都很简单明了：远离社交媒体，去户外，去见见人。但这是在新冠肺炎疫情之前，如今，情况已经不同了。可以在社交网络和现实的亲密关系之间自由选择成了奢望。我们被关在家里，尽我们最大的努力保持并适应现实空间上的安全距离。在这种情况中，我们必须放弃那些不再适合的方式，想出新的替代方案。我们要考虑的是表层关系和深层关系，而不是虚拟关系和现实关系。

即使是在虚拟现实中，深层的关系也是有可能建立的。就我个人而言，当我所在的哥伦比亚大学的全部课程变为线上授课时，我感到极度失望。因为我花了超过一个月的时间，通过每次 2 小时的课程，才看到我教授的幸福课终于发生了我渴望的神奇转变，即从表面的学术讨论转变为深层次的心理对话。而当我们的课堂变成线上模式的时候，我担心这种魔力会消失。一开始确实是的，然而令我惊讶的是，经过几次线上课的磨合，屏幕不再是亲密关系的障碍。虽然我们在这个新的虚拟领域迈出的第一步并不稳健，但一个又一个学生开始分享内心深处的想法，其他学生也对他们表示支持，并逐渐参与进来，进行更为深入的交流。最后我们发现，线上课程也是可以培养起亲密关系并进行深度交流的。

在如今的世界中，许多旧有的结构发生了改变，工作和家庭之间的地域边界和时间边界都在被打破，我们需要建立起新的结构。也许，在新状态中最重要的是留出时间定期进行深入、有意义和真诚的对话。在理想情况下，这些连接应该是在我们面对面时产生，在我们一起待在家里时，在我们待在同一个餐厅时，或是和我们关心且关心我们的人一起外出共度美好时光时产生。即使这暂时无法实现，我们也可以利用科学技术来弥补，无论在哪里我们都可以培养出有意义的关系。正如深度学习对心智幸福至关重要，深度对话对关系幸福也很有必要。无论你是和朋友通过视频软件连线，还是仅仅在电话上听到彼此的声音，你都要花时间建立真正的连接，要敞开心扉、乐于分享、善于倾听，并提供支持。

培养同理心

自从社交媒体出现以来，受到严重影响的不仅是我们的心理健康，还有我们的共情能力。

社会心理学家萨拉·康拉特比较了几代人的共情水平，发现当下 20 多岁的人的共情水平，比 20 年前 20 多岁的人的共情水平低了 40%。[5] 此外，英国的一项研究发现，在过去 20 年里，高中生的反社会行为翻了一番。换句话说，人们的共情能力已经显著下降。与此同时，霸凌行为也在不断增多。

同理心让人能够理解和识别他人的感受，这是一种道德情操。同理心可以把我们联系在一起，而我们的共情能力下降则会给这个社会带来麻烦。[6]为什么会下降？主要原因之一就是人与人之间不再像往常那样进行真实而深入的互动。

面对共情能力的下降，在学校开设同理心教育课程的呼声越来越高，虽然这是朝着正确方向迈出的一步，但光靠上课是不够的。假设我想学越南语，于是我报了名去上课。通过上课学习越南语肯定会取得进步，但如果我去了越南，沉浸在当地的文化与环境中，肯定会进步更多。提升共情能力也是如此。我们可以通过阅读或上课来了解"感同身受"的重要性。我可能会读亚当·斯密的《道德情操论》，或者上一堂关于班图精神的课，将之作为一种伦理建构的方式。但更有效的方法是让自己沉浸其中。换句话说，去某个我能和别人面对面交流的地方。只有通过直接互动，我们才可以体会他人的经历和感受，和别人一起哭，一起笑。在此过程中，我们可能会做错事伤害到别人，或是受到他们情绪的影响。然而，同理心就是这样被培养出来的。在理想情况下，这些互动会发生在没有屏幕影响的情境中，例如当孩子们共同玩耍时，或当我们在学校里或工作中与人共处时。如果我们没有其他选择，那么我们必须试着（而且也确实能够）做到这一点。

宅在家里的一点好处是，它教会我珍惜与家人和朋友的感情，珍惜我们彼此共处的时间。我猜很多人都有同样的感受。但愿这样的珍惜，能够让我们在下次相聚时，投入更多的时间和精力与人深入交流。当我们与他人密切互动时，无论是与我们所爱的人，还是与我们刚刚遇到的陌生人，我们都会展现共情能力、善良和同理心，并享受到更高水平的身心幸福。我们会变得更有道德、更慷慨、更健康、更快乐。

给予的力量

在一个我们比以往任何时候都感到孤独的时代，如何才能更有效地提升我们的关系质量？不管你的处境如何，最好的方法之一就是通过给予来提升共情能力和减轻孤独感。

在一项英属哥伦比亚大学和哈佛商学院的联合研究中，研究人员证实了给予的力量。[7] 在研究的第一阶段，研究人员对一组人的幸福水平进行了评估，然后给了每位研究对象一笔数量可观的钱，并让他们把钱花在自己身上。于是，研究对象开始疯狂购物。研究人员随后再次评估了他们的幸福水平。你猜他们发现了什么？

购物后，研究对象的幸福水平显著提高。研究继续进行，第二天他们将研究对象带回实验室，并再一次评估了他们的幸福水平。你觉得研究人员这次又发现了什么？仅仅 24 小时之后，研究对象的幸福水平又回到了原来的程度。换句话说，研究对象的购物经历的确让他们非常开心，但是他们很快就恢复到了之前的状态。那么，这项研究的结论是我们每天都需要去购物吗？并不完全是。

在第二阶段，研究人员随机挑选了另一组人，并评估了他们的幸福水平。他们给了研究对象同样数量的钱，告诉他们要把钱花掉。只是这一次，研究对象必须把钱花在别人身上。研究对象把钱花光后回到实验室，研究人员再次对他们的幸福水平进行评估后发现，他们的幸福感提升幅度和第一组人相差无几。第二天，研究人员再次评估了研究对象的幸福水平，他们发现了什么？幸福水平尽管确实下降了一点儿，但仍然显著高于初始水平。事实证明，给予行为可以在一周后仍持续产生有益的影响。

赠人玫瑰，手有余香。大量的研究表明，给予不仅是提升幸福感的最好方法之一，也是增加自信的最好方法之一。给予可以让我们从自卑无助变得乐善好施，将我们从绝望带向希望。悲伤和抑郁的区别在于，抑郁是没有希望的悲伤，而给予却会带来希望。当你充满希望时，你会变得更有能力、更快乐，进而更成功。

英语是我的第二语言，我的母语是希伯来语。在希伯来语中，我最喜欢的词是"נתן"（natan），意思是给予。看一下这个词，不管是希伯来文还是罗马字母，你是否觉得它有不寻常的地方？这个词是回文词，它是对称的，从右往左看和从左往右看是一样的。这不是巧合。在许多古代语言中都有很多类似的智慧，以 natan 为例，有研究清楚地表明，当我们给予时，我们同样也在接受，给予对我们自身也是有好处的。培养牢固、亲密关系的

幸福的要素

最好方法之一是以给予者的心态开展这段关系。

我们能给予什么？任何事。年仅 13 岁的安妮·弗兰克在她的日记中写道："你总是可以给予某些东西，即使给予的仅仅是善意。"当我们主动为伴侣做家务或给朋友惊喜时，我们就是在给予。积极倾听孩子的想法是一种给予，与同事分享信息也是。正如我们将在第 5 章看到的，最有力的提升幸福感的方法之一，就是写一封感恩信。当你写一封感恩信给另一个人，感谢那个人时，你就是在给予。你的行为是善良的、慷慨的。当我们给予的时候，我们不仅提高了别人的幸福水平，也提高了我们自己的幸福水平。

找出失去的那一天

19 世纪的作家玛丽·安·伊万斯的笔名是乔治·艾略特，她写了许多精彩的书，其中最著名的要数《米德尔马契》。这本书中有一些美妙的诗歌。下面是其中一首——《找出失去的那一天》，它说明了给予的重要性。

当夕阳西下，如果你坐下来，

回忆一天的所作所为，思绪慢慢展开，

你会发现，一个无私的举动，

甚至一句充满善意的话，都会在听者心中留下安慰。

你温柔的一瞥，

让所到之处洒满阳光，

你便可以确定，

这是意义非凡的一天。

如果你一整天都百无聊赖，

感觉度日如年，郁郁寡欢，

不曾给任何一张脸送去阳光，

没有任何一个小小的善举，

这样没有付出，毫无意义的一天，

比失去还糟糕。

根据伊万斯的说法，当我们给别人带来阳光，给别人带来仁慈、慷慨和爱时，这一天就可以称得上是"好好度过的一天"。如果我们一整天都没有产生积极能量，那么这样的一天"比失去还糟糕"。想象一下，如果给予成为我们衡量生活的标尺，如果我们用慷慨和善良来规范自己的言行，以播撒了多少快乐作为评判自己的标准，那么这个世界一定会变得更加美好。这不仅是为了那些从我们的善行中受益的人，更是为了我们自己。

也要为自己付出

我们是否应该无原则地一味给予？如果你是那种迫切希望照顾身边每个人，但自身精力又不够的人，那么你应该知道，你可能付出得太多了。宾夕法尼亚大学的心理学家亚当·格兰特教授，主导研究了人们在工作场所的不同表现。格兰特和他的同事们把研究对象大致分为3个类别：给予者、接受者和衡量者。[8]顾名思义，给予者是那些自愿付出时间、精力，提供专业知识的人。他们是好的雇员，乐于助人的工作者。接下来是接受者。他们迫切希望得到与自身相关的一切帮助。他们会寻求帮助，但不愿意给别人同等的帮助。然后是衡量者，他们会衡量自己的付出与回报，给予的绝对不会超过他们认为自己可以得到的。

从管理的角度来看，你一定希望组织中有给予者。你需要的人是慷慨的，乐于指导和帮助他人的，支持团队的和关心组织的。然而，虽然公司可能会从这样的员工身上获益，但这对给予者本身来说意味着什么？从长远来看，成为给予者、接受者还是衡量者，哪一个更好？是付出能让你更成功？还是看起来最公平的不断衡量会让你更成功？还是紧紧盯住成功，不断索取，对你来说更好？

这些是格兰特和他的同事提出的问题。他们按照绩效将公司的员工分成了 3 组——顶部、中部和底部。哪类人在绩效方面表现最好？事实证明，组织中最成功的人很可能是给予者。给予者获得成功的比例突出。那么，谁垫底了呢？也是给予者。令人惊讶的是，相较于接受者和衡量者，给予者的表现两极分化严重，要么是最好的，要么是最差的。

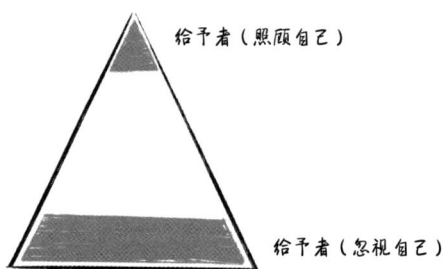

你如何区分顶部的给予者和底部的给予者呢？它们之间的区别在于，表现最好的给予者会照顾到自己，而垫底的给予者往往忽略了自己的感受。他们付出到筋疲力尽，却没有考虑自己的需求。

为了自身的持续发展，人们也需要考虑帮助自己。这一发现让我们想起了在乘飞机时常听到的安全提示：请在帮助他人之前先戴好自己的氧气面罩。

一位禅师谈到了这个观点："不能一味地牺牲自己来照顾别人，也要照顾并滋养自己。"[9]这种想法对大多数西方人来说并不寻常。丹尼尔·戈尔曼在他的《消极的个人情感》（*Destructive Emotions*）一书中谈到了这位禅师诧异于很多西方人自尊心低下的情况。人们怎么会不喜欢自己呢？禅师认为，东方的情况之所以不同，原因之一是东方人对同理心的理解不同。语言创造了世界。我们解释特定概念的方式很重要，它通常是我们文化和环境的产物，反映出根深蒂固的潜意识和心理倾向。

同理心有什么特别的地方？如果我问西方人同理心的定义，大多数人都会说，同理心意味着怜悯和关心他人。禅师说，在藏语中，"同理心"是"tsewa"，意思是怜悯自己和他人。[10]值得注意的是，"同理心"首先是对自我，其次才是对他人。想想同心圆，你正是其中的圆心。你从同情自己开始，把这种感情扩展到你身边的人，然后扩展到更多人，继而扩展到整个世界。但这一切都是从自我开始的。在这个循环中，在同理心的网络中，我们都是相连的。在东方哲学传统中（相较于西方哲学传统），自我和他人之间并没有明显的界限。

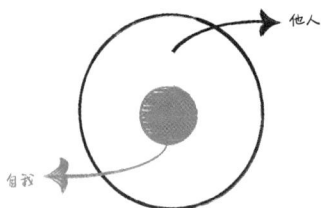

在西方哲学传统中，自私和无私之间存在着一种明显的界限。自私这个词的近义词包括刻薄、吝啬、自恋和贪婪。另一方面，与无私相近的词语包括高尚、慷慨、慈爱和仁慈。我们从小时候学习语言开始，就被教导考虑自己（包括对自己有同理心）是不高尚的。但这并不完全正确。为什么我自己不如其他人有价值？这种观念也不利于促进良性发展。那些不重视自己需求的人终将一无所有，无法自给，也无法给予他人任何东西。我们不要把为他人付出视为无私，也不要把为自己付出视为自私。我们可以把健康的给予视为自重，自重就是既要照顾他人也要照顾自己。

自重是什么样子的呢？如果一个同事要我帮忙完成他们的项目，我可以简单地说："我很乐意帮助你，但我首先需要完成手头上的任务。"在家里，我可以说："孩子们，我锻炼结束后会陪你们玩。"或者说："亲爱的，我现在需要一些自己的时间，明天一定陪你。"这样就可以了！在意自己并不意味着你是个坏人。相反，从长远来看，我们只有满足了自己的需求，才最有可能帮助他人，对他人友善和慷慨。正如两千多年前伟大的犹太圣人希勒尔所说："如果我不为己，谁会为我？但如果我只为自己，那么我是谁？如果不是现在，那是什么时候？"我们的世界比以往任何时候都更需要自重的人。

培养儿童的心理韧性

在生活不那么稳定的时期，父母觉得他们有责任为孩子树立一个完美的榜样，一个可以一直提供支持，可以被依靠的榜样。他们认为，自己片刻不能软弱，必须为孩子而坚强。可是，当我们正在经历危机，感到虚弱、焦虑、沮丧、悲伤或愤怒时，该怎么办？当我们知道自己的痛苦会加剧孩子的痛苦时，我们如何在孩子面前管理自己的情绪？

我们首先需要记住，让孩子们看到我们也会经历困苦是有益的，即使这会增加他们的痛苦。作为父母，我们更倾向于保护他们，把自己的情绪波动隐藏起来而不是表现出来。但是，目睹父母适当程度的悲伤、焦虑或愤怒，对孩子的健康成长是必要的。可以说，作为父母，我们应该接受这样一个事实：为我们的孩子树立一个完美的榜样，这不仅是不可能的，也是不可取的。

近 70 年前，英国儿童心理学家唐纳德·温尼科特提出了一个关于育儿的重要概念：做"足够好的母亲"。[11]这是什么意思？

温尼科特认识到，许多父母希望成为完美的看护人，时刻留心孩子的情况。当孩子哭的时候，父母会立即给予安慰；当孩子遇到挑战时，父母会立刻提供帮助。温尼科特指出，这不是孩子需要的。孩子需要的是"足够好的父母"。父母因为工作忙碌或心情烦躁等原因，无法全力以赴地陪伴孩子，对孩子来说并不是坏事。不被过分关注的孩子会学着进行自我调节，而被随时紧盯的孩子，就会很难学会自己处理问题。作为父母，我们的最终目标是培养独立的孩子。毕竟，父母不可能陪孩子一辈子。我们应该从孩子出生起就给其自己处理问题的机会。足够好的父母比所谓的完美父母更能助益孩子的成长。

"足够好"也意味着，即便你偶尔把坏情绪暴露在孩子们面前，也没什么问题。你甚至可以和他们谈论这件事。你可以抱着他们，让他们感到安全，然后说"我现在很烦躁"或"我太累了"。你可以充满爱意地向他们描述遇到的窘境。事实上，从你那里听到这些话对孩子们来说是一种解脱，因为他们有时也会有这种感觉。不强迫自己成为所谓的完人，你的孩子也因此获得了这种自由。

即使他们真的看到你失控了，也不是什么世界末日。他们会看到恢复正常的你。如果你在有情绪时说了一些不该说的话，或者令你后悔的话，你可以向他们道歉。孩子们不需要完美的榜样，他们需要足够好的人。养育孩子的美妙之处在于，你不仅仅是在养育别人，也是在自我成长。愿意不断学习的父母是孩子所能拥有的最好的榜样。

可以理解，许多家长担心疫情暴发对孩子的影响。很多富裕的、发达国家的父母，因为想要保护孩子，也具备这样的现实条件，让孩子生活得过于轻松。这是我们面临的最大的挑战之一。我们想给孩子最好的，这无可厚非。但哥伦比亚大学的苏尼亚·卢瑟的研究表明，许多富裕家庭的孩子正因为这种奢侈的陷阱而遭受焦虑、抑郁或滥用药物等问题的困扰。[12]生活就是学习如何处理那些计划之外的事情。面对困难，虽然会有眼前的不便或痛苦，但从长期来看，可能是有益的。

让我来分享一下我的经历，我就是从这次经历中顿悟的。在我的长子戴维 3 岁的时候，他最喜欢的玩具是一个小小的超人玩偶，整天爱不释手，睡觉也放在枕头上。一天，我和妻子从幼儿园接戴维回家。我们住在一栋公寓的 10 楼。走进电梯，我和妻子在交谈，而戴维则在和这个小超人交谈。我们的楼层到了，当我们走出电梯时，戴维不小心把超人摔了下去。这个超人不会飞，正好掉进了门之间的狭窄缝隙里，一直沿着电梯井掉下去，不见了。我们都束手无策。

戴维开始大哭起来，我们拥抱他，想帮他平静下来。我刚要开口，妻子似乎已经猜到了我想说什么，便阻止了我。我本来想说的是："戴维，别担心。我们再给你买个超人玩偶，我们可以给你买上 100 个。"到家后，戴维钻进他的房间里哭个不停。我对妻子说："你为什么要阻止我？任凭我们儿子哭个不停！"她对我说："不要剥夺戴维学习应对困难的机会。"

不要剥夺戴维学习应对困难的机会，这是我学到的最重要的道理之一。她完全正确，这就是孩子（以及成人）增强韧性、积累智慧和提高创造力的方式。这就是孩子学习灵活处事的方式。《道德经》用"水"来喻道，原因之一就是水是流动的，十分灵活。老子写道："天下莫柔弱于水，而攻坚强者，莫之能胜。"

如果我们把健身器材调到最低档位，几乎没有任何挑战性，那么我们锻炼起来也会很轻松，但我们不会因此变得更强壮。反之，我们如果用力过猛，可能会因此受伤。所以，如果我们被允许时不时经历一点儿困难，逐步恢复，我们就会因此得到成长。生活也是一样，作为父母，有太多人过快地冲上去"救"自己的孩子。历史上最伟大的教育家之一玛丽亚·蒙台梭利在她的教学中强调，家长决不能越俎代庖，干涉孩子们为自己做事。[13] 当然，这并不意味着不为孩子做任何事情。当孩子们不能独自处理一些事情时，父母应该在他们身边。但是，我们应该尽可能地减少帮助，让他们自己帮助自己。

克莱顿·克里斯坦森教授在哈佛商学院对即将毕业的学生说："你的孩子要学会应对挑战，这非常重要，这些挑战会帮助他们开发和磨炼一生中要取得成功所需的能力。如何与难相处的老师打交道，如何面对体育运动中的失败，如何应对学校里复杂的社会关系，所有这些都成了学校里帮孩子增长经验的课程。"[14]现在，我们可以把应对学校远程教育、保持社交距离和期待的活动被取消这些情况，也视为一种锻炼的机会。孩子们可以从挑战中学习，更早获得克服困难的经验，从而更从容地处理难题，并在长大后成为他人的榜样。

爱与冲突

冲突在任何关系中都是不可避免的，而且相较于正常时期，在充满压力的情况下冲突往往更容易爆发。和同一个人挤在小公寓里或者和几个人在家里待很久都是不容易的。同时，这一挑战也带来了真正的机遇。事实证明，冲突对爱的发展至关重要，甚至是必要的。

在 1841 年，拉尔夫·沃尔多·爱默生发表了一篇关于友谊的文章。他认为：我们不应该让朋友对我们一味地让步、言听计从，而应该让他永远成为你心目中美丽的敌人，不可驯服，受人尊敬，而不是仅能给你提供微小的便利，很快就会失去作用、被弃置一旁的人。[15]我喜欢这个词——美丽的敌人。用爱默生的话说，美丽的敌人是一个挑战你、助力你、帮助你了解真相的人。当你和一个美丽的敌人在一起时，事情有时会很困难，但对你来说，总会有成长的空间。你收获的不是"微小的便利"，而是有意义的"不便"；你经历的不是无意义的放松，而是令人获益的冲突。

我们在《圣经》中就可以找到"美丽的敌人"这一概念。在《创世记》中，上帝说："人不应该孤独。我会为他安排一个伴侣（help meet）。" help meet 是从希伯来语 ezer k'enegdo 直接翻译过来的，字面意思是"作为对手的帮助"。在英语中，meet 可以指竞争，如 athletic meet 指运动会。换句话说，help meet 是一个挑战你并帮助你成长的伙伴。学会将我们的伙伴视为一个美丽的敌人，可以帮助我们重新审视人际关系中的冲突。与其将意见不合视为一个危险的、需要极力避免的事件，不如将其视为个人和人际关系发展的宝贵机会。

《激情婚姻》（*Passionate Marriage*）一书的作者戴维·施纳屈博士强调了冲突在每一段成功的关系的发展中所起的重要作用。《激情婚姻》是一本彻底改变我生活的书。戴维·施纳屈认为，在每一段关系中，无论这段关系有多棒，夫妻总是会陷入僵局。僵局是一种极端的冲突。这并不是我们每天吵架、化妆、做爱，然后一切都能重归于好的那种矛盾。僵局源自我们关于某一核心价值观的根本分歧，源自我们突然发现，原来自己内心根深蒂固的信念竟然与对方的背道而驰。夫妻双方在蜜月期通常不会陷入僵局，但在一起生活了大约 3 年后，僵局总是会出现，通常会围绕以下 4 个主题中的一个展开。

1. 关于孩子。我们应该如何约束孩子？我们应该做宽容的父母还是严厉的父母？我们设定了什么限制？我们的孩子应该接受什么样的教育？宗教在他们的成长过程中应该扮演什么角色？

2. 关于钱。我们应该把钱花在什么地方？我们应该在这个阶段花费一大笔钱购买某物吗？是否一方觉得另一方购买的东西太多，或者贡献不够？我们能负担得起吗？我们足够节省吗？

3. 关于做爱。我们多久做爱一次？是否有一方认为这样太多或者不够？什么样式的？我们的方式太古怪或太甜腻了吗？我们是否应该对婚姻保持忠贞？

4. 关于家庭。我们应该每周邀请我们的姻亲来一次吗？我们不应该邀请他们吗？我们应该在多大程度上让其他家庭成员参与我们的决策？我们应该多久参加一次家庭聚会？每周，还是从不？

当我们陷入僵局时，可能会出现 3 种结果。

第一种常见的结果是分手、分居或离婚。在美国，40%~50% 的婚姻以离婚告终。有人会对伴侣说："我认为我们对于彼此来说是完美的，但如果我们在各自认为至关重要的事情上产生分歧，显然我们不适合。"这就是为什么离婚率通常会在结婚4~7年后飙升。夫妻在第一次遇到僵局时，可能会因此认为他们之间的差异是不可调和的。

第二种结果是依然在一起，但不是真正地在一起。也就是说，你们出于很多原因还在一起，例如习惯、宗教、经济或是孩子，但在感情上，你们已经分道扬镳了。

第三种结果是在僵局之后你们得到了共同成长。你会争论，会不同意，会对抗。然后过了一段时间，可能是一周、一个月或半年后，不管是作为个人还是夫妻，你们俩都会变得更好。如何产生第三种结果，即反脆弱的结果，并成功地打破僵局？第一，你们要挣扎。第二，当你们挣扎的时候，你们要坚持自我而不是顺从，你们要互相尊重，说出自己的需求和愿望，而不是忽略它们。第三，当你们坚持己见的时候，你们也会愿意理解伴侣的需求和愿望。关键不是取悦对方，也不是争论是非对错，而是"了解与被了解"。正是通过更好地了解彼此的弱点和优点、恐惧和幻想，我们才逐渐建立起了亲密关系。亲密关系带来爱、激情和共情。

真正努力去了解对方意味着要冒险。假设你和你的姻亲之间有过节，虽然你真的不想和你的伴侣谈论这件事，但他过于关心他的父母，这伤害到了你。你可以尽量怀有同理心地与他讨论这件事。虽然这可能会导致痛苦的冲突，但另一种选择肯定不会带来幸福。在一段关系的早期阶段，你可以避免谈论不舒服的话题，也可以通过新鲜感来维系关系。但过了一段时间后，仅仅这些就不足以维系你们的关系了，对问题避而不谈解决不了任何问题。相反，随着矛盾的加剧，你最终会无法承受，关系也会随之瓦解。

并不是每一个僵局都能被打破并让关系进一步发展。有些夫妻在某些问题上分歧太大，并不打算继续在一起，这没关系。然而，在大多数情况下，僵局为我们提供了重要的学习机会，它可以使我们成为更好的个体，并使我们的关系得到进一步发展。当我们开诚布公地交流时，真正的目的就是让我们的关系恢复正常，我们通常会找到解决方案并打破僵局。结果可能是一方说服了另一方，或是双方达成和解，也可能是共同找到了实现双赢的办法。

经历冲突，无论是小分歧还是彻底陷入僵局，都有助于建立亲密关系的"免疫系统"。而在一个避免冲突的"无菌"环境中，你的"抗体"根本无法被激发出来。因此，如果你想维持或者增进你们的关系，你必须努力应对挑战，别无他法。重要的是，你要对伴侣敞开心扉，沟通你认为重要的问题。这样做有助于增进你们的关系，最终你和你的伴侣都会受益。

通过了解戴维·施纳屈的研究，即有意见分歧不等于矛盾无法调和，我自己的夫妻关系得到了进一步发展。这件事发生在我和妻子相处第十年的时候。我以为我们是命中注定的伴侣，直到我们陷入僵局，然后我突然被恐惧和焦虑控制。出什么事了？我确信她是我生命中的挚爱，但我们却在如此重要的事情上，产生了如此巨大的分歧。我们马上就要结束这段关系了吗？之后，我读了《激情婚姻》，我意识到，不，我们的关系没有什么问题，一切都很好。它只是经历了一个自然的发展阶段。正如施纳屈所写的："经营婚姻所需的力量和承受的压力比我们预期的要大得多，以至许多夫妻会将该解决问题的时刻误认为该离婚的时刻。"我们如果积极并投入地解决问题，就能够化解僵局并在此过程中得到成长。僵局是可怕的，因为它让我们暴露内心的脆弱，让他人知道我们也很容易受到伤害。然而，一旦你经历了一次重大的冲突，就能更轻松地应对此后发生的冲突（尽管这并不容易）。因为与之相关的恐惧减少了，你已经知道这段关系可以存续，一切都还有希望。

不存在任何解决冲突的不二法门，但如果你积极地敞开心扉并努力尝试，问题就有可能得以解决。无论冲突的规模如何，当你面临冲突时，别忘了还有以下策略。

反思。退一步去反思这段关系，无论是通过咨询他人还是通过日记来记录，都会对你有所帮助。记住，最好的给予者会照顾自己的感受。你可以对自己说："我需要给自己时间来重新审视、思考和解决问题。"

倾听并共情。在几分钟或几小时内，把你自己的论点和先入为主的观念放在一边，真正地敞开心扉倾听你伴侣所说的话。不要让自己从谈话中分心，也不要打断对方，不要无视对方的担忧。最近发表在《家庭心理学杂志》上的一项研究表明："真诚倾听对方的心事，更有助于解决问题和巩固关系。"[16]仔细倾听并努力理解伴侣的观点是共情的表现，也会进一步加强这种共情。

尽量去肯定。华盛顿大学的心理学家约翰·戈特曼，是关系研究领域的顶尖专家之一，他采访了数百对夫妇并分析了他们的谈话。数据清楚地表明，尊重人的、积极的对话是婚姻成功的核心。他说："这听起来很简单，但事实上，你可以通过想象一个盐瓶来理解我所有的研究成果。不要把这个盐瓶装满盐，而是装满你的肯定，这就是一段好的关系。你可以说'是的，这是个好主意'，或者'是的，这是一个很好的观点，我从来没有想过'。在一段有问题的关系中，盐瓶里装的都是否定。"戈特曼进一步指出，在最好的关系中，积极元素和消极元素的比例是5∶1。也就是说，每一次分歧、冲突、愤怒或失望，需要配合5个积极的元素，例如赞美或情书，微笑、拥抱或亲吻，在海滩上浪漫散步、做爱或享用浪漫的晚餐。因此，虽然冲突不可避免且十分重要，但我们可以用更多的积极元素来缓和冲突。

愤怒

赞美　　微笑　　拥抱　　亲吻　　情书

最好的关系，消极元素和积极元素的占比是1:5

善良。善良是改善关系的重要手段。善良听起来很简单，不是吗？但是，我们有多少次发现自己想要充满敌意地侮辱伴侣？归根结底，一段关系建立的基础是礼貌和尊重，而那么多人粗鲁或充满敌意地对待身边最亲密的人，这对伴侣是不公平的，对关系也是有害的。思考一下，即使你们发生了分歧，你也能做些什么来善待你的伴侣？善良的态度通常足以缓解紧张，这样你就可以朝着解决问题的方向努力了。

照顾好自己。有规律地锻炼、冥想、睡个好觉、听听音乐、沉浸在阅读中，或者做任何能补充你能量并帮助你恢复精力的事情。你可能想知道做这些事与人际关系有什么联系？它们之间的联系非常紧密，因为这些事可以成为关系升温的催化剂。以锻炼为例，锻炼会释放大脑中让你感觉良好的化学物质。当我自我感觉良好时，我可能会对我的伴侣和孩子更有耐心。同样，当我冥想并给自己时间恢复元气的时候，我会变得更加开放，更加慷慨，对我所爱的人更加友善，因此我的人际关系也会变得更好，我的能量从我自己开始，逐渐向外扩散。

戴维·施屈纳将投入情感的关系描述为"人成长的动力"，这既适用于亲子关系，也适用于伴侣关系。然而，成长的路上总少不了风雨和坎坷，尤其是在充满压力的时期，我们看到许多关系和个体都没能通过考验。无论如何，为了使我们的关系能够得到强化和发展，我们都要为冲突和积极行动留出空间，增进了解，认真倾听和表达。为对方付出，也为我们自己付出。

关系幸福

完成 SPIRE 自测的 3 个步骤——给现状评分、描述问题、解决问题。本次的主题是关系幸福。请思考以下问题：

你是否花了足够多高质量的时间陪伴家人和朋友？

你们的关系很深吗？

你照顾好自己了吗？

你是个给予者吗？

根据你对这些问题的回答，确定你在关系幸福中的表现，然后从 1 分 ~10 分给自己打分。1 分是非常少或非常不频繁，10 分是非常多或非常频繁。写出你为什么给自己打这个分数。然后，制定一个方案，从只提高 1 分开始着手。例如，留出时间陪伴你爱的人，变得更友善一点儿，多付出一些，不必要的时候不要提供帮助，欣赏你"美丽的敌人"，等等。每周自测一次。

5
情绪幸福

揭开面具，你们的欢乐就是你们的忧愁，

从你泪水注满的同一眼井中，

你的欢乐泉涌，

能不如此吗？

哀愁刻划在你们身上的伤痕愈深，

你们就能容纳愈多的快乐。

——纪伯伦《先知》

很多年前，我还是一名博士研究生，第一次开始教积极心理学课程，一共只有 8 名学生报名。后来，还有两个人退出了，这让我的自尊心受到了极大的伤害。一天，我在一个本科生宿舍吃午饭，一个我认识但不在我班上的学生走了过来。他说："泰勒，我可以坐在你旁边吗？"我说："当然可以。"

他坐下来，然后说："我听说你在教一门让人快乐的课。"我回答说："没错，是关于积极心理学的。"

他很快补充道："是这样的，我的室友正在上你的课，所以你最好小心点儿。"

"小心点儿？为什么？"我问道。

"因为，"他回答说，"只要我看到你哪天不快乐，我就会告诉他的。"

第二天，我在课堂上跟我的6个学生提到了昨天那段对话，我对他们说："你们要知道，我最不希望看到的就是，你们会觉得我无时无刻不在快乐中，或者你们一直到今年年底都会保持快乐。"那个学生对我说的话传递出一个非常普遍的猜想：幸福的生活一定是完全没有悲伤的，也没有任何其他不愉快的情绪。实际上，只有两种人可以真正没有诸如悲伤、愤怒、沮丧、嫉妒、焦虑等痛苦的情绪。第一种是精神病患者。精神病患者无法体验到人类的全部情感，这是他们的缺陷。第二种是死人。

所以如果你正遭受痛苦，这可是一个好信号。它说明：（1）你不是精神病患者；（2）你还活着。

在和我学生的室友共进午餐后不久，我第一次萌生了一个想法：我得允许自己是个普通人。从那时起，我就将此视作变得更幸福的基石。允许自己是个普通人就意味着要允许自己可以有任何情绪以及接受所有情绪，不管这些情绪会让人多么痛苦。允许自己是个普通人就要承认：我能感觉到我情绪不好，这也没什么不好。正如黛米·洛瓦托所说，"感觉糟糕也没什么不好"。

允许自己是个普通人，也许是允许自己对可能感染新冠病毒感到恐惧，也许是允许自己为可能失业而焦虑，也可能是允许自己为孩子学习退步感到担忧，或者是允许自己为所爱之人确诊了重症感到心碎。你也要允许自己对无法出门旅行感到郁闷，为下一次森林野火或飓风不知何时会袭击你所在的社区感到担忧，与朋友失去联系后感到难过，看到你的前任如鱼得水时心生嫉恨，为那些一次次不断重复发生的事感到恼火，比如除了你，家里好像没有人知道怎么把用过的碗筷放进洗碗机。不管你的愤怒源自哪里，肯定不是你主动要求它们到来的，与其把坏情绪憋在心里，不如接纳它们，顺其自然。

我们通常会不平等地对待我们的全部情绪。我们热烈地欢迎所有快乐的情绪，却试图挡住那些痛苦的情绪。痛苦情绪通常被称为负面情绪，这表明，人们普遍认为痛苦情绪是有害的。

造成这个问题的原因之一，是如今我们所处的世界中，社交媒体占据着主导地位，这会让我们很容易觉得别人过的都是让人羡慕的快乐生活。我们会觉得每个人都特别出色，即使不能时刻保持兴奋感，他们也能轻松应对挑战，而自己却似乎永远无法做到这一点。我们不想显得与众不同，所以我们隐藏了自己的悲伤、焦虑和恐惧。"你好吗？""我很好，你呢？"我们戴着幸福面具，其实只是在自欺欺人，最终构成了一个惊天骗局，导致了幸福荒芜。

我的第一个孩子戴维出生时，儿科医生给了我一些宝贵的建议。孩子出生几个小时后，医生走进我们的病房，给我的妻子和孩子做了检查。在确定一切正常后，他对我们说："在接下来的几个月里，你会经历一系列各种各样的情绪，经常很极端。你会感到喜悦和惊讶、沮丧与愤怒、快乐和烦恼。这很正常，我们都经历过。"

这是我初为人父的头几个月里收到的最好的建议。为什么？因为和一个新生儿待在一起大约一个月后，我就开始嫉妒起戴维了。自从我和妻子一起生活以来，这还是第一次别人获得了她更多的关注。不管我多么疲惫、睡眠不足、筋疲力尽，无论我多么需要她，孩子的需要永远是第一位的。如果儿科医生没有和我们谈过话，我肯定会这么想："哇哦，泰勒，你是一个多么可怕的爸爸。你真是个坏人。你竟然嫉妒你的亲生儿子？这太糟糕了！"但我听到医生的声音在我耳边不断回响，允许我做一个普通人，他说："这很正常，我们都会经历。"因为他的建议，我接纳了这种嫉妒，让它流过我的身体，它也真的流过去了。5分钟后，情绪消失了，我敞开心扉，迎接爱的感觉，并继续体验对儿子的爱。

拒绝情绪会使情绪变得更激烈

有这样一个悖论：拒绝接受痛苦情绪，只会使其加剧。如果我们继续拒绝接受这些情绪，它们就会变得更强烈，更凶狠地撕咬我们。而当我们接受并拥抱痛苦情绪时，它们反而不会停留太久。来过后，就走了。

我们以悲伤为例，悲伤可以说是最强烈的痛苦情绪。研究表明，经历悲伤的人的情绪走向大致分为两类。一类是那些被认为很坚强的人。在失败之后，他们会说："我要坚强起来。我要挺过去。我是不会让这件事影响到我的。"他们会露出一副勇敢的面孔，从哪儿跌倒从哪儿爬起，继续前进。另一类则是那些被认为比较温和、不那么坚强的人，他们可能会说："这是发生在我身上最糟糕的事情，我不知道我该如何面对。"他们会痛哭，会倾诉，会崩溃，他们体验着自己的情绪。

从旁观者的角度看这两类人，看到第一类人，我们可能会想"哇，他们表现得很好"。看到第二类人，我们会想"真让人担心，希望他们没事，可以化解掉情绪"。但研究表明，经过一年或更长时间后，第二类人比第一类人状态更好。第二类人允许自己做一个普通人，并允许悲伤情绪自然地出现和消失。

为什么结果会是这样？无论是悲伤、焦虑还是嫉妒，都遵循同样的规律吗？为什么痛苦的情绪在我们接纳它时会消退，在我们拒绝它时却会加剧？有一个小实验能解释这个问题，你可以试试看：在接下来的10秒钟里，不要，记得是"不要"，不要去想粉红色的大象。你知道我说的是什么吧？《小飞象》里出现的粉红色的大象。嗯，再用2秒钟，别去想粉红色的大象。

我有强烈的预感，你脑海中一定出现了一只粉红色的大象。为什么？因为当一个短语被一遍又一遍地重复时，我们就会想到它。当我们听到"不要想"的命令时，当我们试图抑制住那个念头时，我们脑子里反而更可能不停地浮现它的形象。这是人类的本性。心理学家丹尼尔·韦格纳将这种现象描述为"讽刺进程理论"，这个理论也适用于处理痛苦情绪。[1]当我们试图拒绝痛苦情绪时，痛苦会变得更加强烈，持续的时间也会更长。

我们的情绪和万有引力定律一样，都属于自然现象。想象一下，如果你每天早上醒来对自己说"我受够了万有引力定律，我才不管什么万有引力"，结果会发生什么？首先，你可能会摔跤。如果你住在高楼里或喜欢登山，那么你可能随时会有生命危险。而且，即使你真的能存活下来，你也会在生活中处处受挫。所以，一般情况下，我们不会无视万有引力定律，反而会拥抱它，甚至和它做游戏。你能想象如果没有了引力，奥运会上的标枪比赛和跳高比赛会变成什么样吗？是不是会变得毫无意义？

然而，我们对待痛苦情绪的方式却不一样。情绪是人性的一部分，就像万有引力定律是物体物理性质的一部分一样，我们一旦忽略了这一点，就会付出高昂的代价。

　　当我刚刚开始教书的时候，我面临的最大挑战是作为一个内向的人，我该如何克服内心的紧张和焦虑。无论面对的一大群观众是真实的还是虚拟的，我都会无比紧张。在早期阶段，每当我讲课之前，我都会对自己说："泰勒，不要着急！别紧张！"你觉得会发生什么？我会变得更加紧张，心跳加速，手心和额头不断出汗，思绪如同乱麻。越来越多的粉红色大象在四处飞舞。然而，当我开始允许自己是普通人时，当我接纳了焦虑，而不是试图赶走焦虑时，这些紧张的情绪并没有升级，反而消散开了。在开课之前我仍然有些紧张，但我不再对自己说"泰勒，不要紧张"，而会对自己说"哇，我很感激我不是精神病患者，我还活着"。渐渐地，我不再被焦虑左右，取而代之的是兴奋。

　　维克多·弗兰克尔的矛盾意向法在韦格纳的讽刺进程理论基础上更进了一步：我们不仅不应该拒绝痛苦情绪，还应该激发它。例如，如果我们不想感到紧张，我们应该对自己说："再焦虑些！我的紧张度还不够。加油，再来些焦虑！"有趣的是，如果我们主动地感知焦虑，那么焦虑感很快就会减弱。

　　另一个悖论是，当我们拒绝或避免痛苦情绪的出现时，不仅痛苦情绪会加剧，我们也无法体验到极致的快乐。我们所有的感觉，不管是快乐的还是痛苦的，都在同一个通道中流动。如果我拒绝痛苦的情绪，试图抑制它们，我也同样会阻碍积极情绪的自由流动。这样一来，我也无法感受其他的情绪了。如果我阻挡了嫉妒，我也无意中阻挡了爱。如果我限制了焦虑，我也限制了兴奋。如果我抑制了悲伤，我也会抑制快乐的自由流动。痛苦和快乐是情绪统一体的两端，是同一个硬币的正反面。用 1969 年至 1974 年的以色列总理果尔达·梅厄的话来说，就是："那些不知道如何用整个心去哭泣的人，也不会知道如何开怀大笑。"

我们可以把痛苦分为两个层次。第一个层次是自然出现的痛苦，比如愤怒、悲伤、沮丧或焦虑，我们时刻都在经历这些情绪。我们感受到痛苦，是因为有无数种事件可以触发痛苦情绪，比如迎接即将到来的登台演讲或将要身处险境，再比如失去了收入或者痛失所爱之人，等等。然而，除了第一个层次还存在第二个层次的痛苦，它是在你对抗第一个层次的痛苦时产生的。当你对自己说"我不能生气"，或者"我不能焦虑"，再或者"我不能嫉妒"时，你的痛苦只会增加。《道德经》说："人法地，地法天，天法道，道法自然。"意思是万物都有其自身的规律，顺应自然才是解决问题最好的方法，也是人能变得快乐的最佳途径。

虽然第一个层次的痛苦是人类不能避免的，但面对第二个层次的痛苦时，你却可以进行选择。如果你接纳了这种情绪，那么你就把自己从自我否定中解脱了出来，一味地自我否定只会加剧痛苦。通过允许自己做一个普通人，你增强了应对困难、解决问题的能力，你在面对痛苦的情绪时可以变得更加灵活，你可以敞开心扉迎接更愉快的情绪。你的反脆弱能力也会变得越来越强。

在面对痛苦情绪时，有 3 种具体的方法可以帮助你允许自己做一个普通人。

1. 哭泣。痛快地哭泣。如果你想哭，就把自己关在房间里痛快地哭一场。哭泣已被证明是能帮助自我舒缓的方法；哭一场能释放出让人感觉良好的化学物质，如催产素和某些阿片类物质，有助于减轻悲伤和压力。[2]

2. 倾诉痛苦。找一个可以线上聊天的伙伴，或者和你住在一起可以深交的人，用线上或线下的方式倾诉都可以。要表达出来，而不是压抑自己；要分享感受，而不是把什么都憋在心里。无论对着值得信赖的朋友还是面对心理咨询师，把你面临的困难或挑战都说出来，这可以帮助你缓解紧张的情绪，让你的感觉变好。[3]

3. 写下你的感受。花 10 分钟或更长的时间写下你经历过的或正在经历的困苦。写出你当时和当下的感受，以及你当时和现在的想法。不用纠结语法、句子结构，甚至是否词不达意。写出来只是为了给自己看，只要写出来就好，写出所有来自你灵魂和内心深处的想法和感受。

　　得克萨斯大学的教授、心理学家詹姆斯·潘尼贝克展示了写日记的深远影响。[4]在潘尼贝克的研究中，他让受试者每天花20分钟，连续4天写出自己痛苦的经历。潘尼贝克做了很多评估，包括受试者的焦虑水平。结果怎么样？起初，受试者刚开始这种日记练习时，他们的焦虑水平明显增加。这很可能是因为他们回忆起了过去发生的事件，这些事件可能停在了他们潜意识中的某个地方。当潘尼贝克在初始阶段看到这样的结果时，他开始担心这个实验会不会伤害到这些受试者。但很快，就在一周内，受试者的焦虑水平开始下降，进而下降到了他们最初的焦虑水平以下。甚至在一年之后，他们的焦虑也维持在了这一水平上。这80分钟的干预对他们的幸福产生了持久的积极影响。

　　我鼓励你花时间写日记，写下你所有的困难。如果你的日记翻来覆去都是同样的内容怎么办？这也不是件坏事！请放心，即使你发现自己一直记录着同样的情绪，你也会进步。想想看，你是怎么学会弹钢琴的？你是怎么弹好钢琴的？正是通过练习，反复的练习。你没有对自己说："好吧，我要坐下来，练习演奏这首无比困难的拉赫玛尼诺夫的曲子，但只练这一次。"要完全理解这首曲子，要处理好每个音符，你必须一遍又一遍地演奏它。同样地，有时候，你不得不在能够解决困难之前，在理解这对于你来说到底意味着什么之前，把经历的艰难困苦一遍遍地写出来。

2020年3月，第一波新冠肺炎疫情刚刚暴发，在我们被迫隔离在家的几周内，我在诗歌中得到了很大的安慰。我们在家举行了一些仪式来帮助每个人渡过难关，其中之一就是每天晚上一起读一首诗。最开始，我们读到了鲁米的《客栈》，他是13世纪的苏菲派诗人。在这首诗中，鲁米敦促我们要悦纳任何情绪和所有想法，就像我们用坦诚和包容的态度悦纳每一个来家做客的朋友一样，"无论迎来的是什么，都要心存感激"。

读一首诗是个能给人以安慰的神奇仪式，无论是全家一起读，还是你一个人读。诗歌是在经历困难时进行自我反思的一个特别有效的媒介，因为它用不加遮掩的、深思熟虑的语言来描绘事物。它表达了最真实的体验、最真挚的情感。

为了体验真正的快乐，我们必须先允许自己有不快乐的情绪。不管怎么样，允许自己是一个普通人是让生活变得更幸福的基础。

全然悦纳

接纳所有的情绪并不是任由情绪发展。也就是说，并非要你举起手说："好吧，我现在非常难过并且感到愤怒，我听之任之了。我感觉糟透了。"我希望你能采取"全然悦纳"的态度。

全然悦纳就是要拥抱情绪，然后选取最合适的应对方式。经历痛苦没有错，就像万有引力定律的存在也没错一样，二者都是自然出现的现象。问题是，我们要如何应对？我们是无视引力的存在而任由自己从高处坠落，还是制造出梯子、桥梁和飞机？我们是向痛苦的情绪屈服，还是选择适当的方法行动起来？

归根结底，行为会胜过情绪，我们做了什么比我们感受到了什么更加重要。例如，嫉妒我的孩子或我最好的朋友，并不会让我变成一个坏父亲或坏朋友。嫉妒也许会令人不快，但有这种感觉并不会不道德，这仅仅是一种感觉而已。但是，如果我出于嫉妒而采取了行动，伤害了我的儿子或朋友，那就是另外一码事了。

我在上面介绍的悖论之一是，当我们拒绝痛苦的情绪时，痛苦的情绪会加剧，也就是说，当我们拒绝痛苦的情绪时，我们更有可能会被痛苦情绪控制。而当我们接纳痛苦情绪时，我们就能更好地控制自己的情绪并采取行动。拒绝恐惧的人不太可能采取勇敢的行动。那些拒绝接受对他人感到愤怒这一事实的人最终更有可能会怒发冲冠。相反，接纳恐惧的人更有可能站起来，采取大胆的行动。有勇气不是没有恐惧的感觉，而是虽然心怀恐惧，但仍然要向前迈进。那些因为自己是一个普通人而接纳愤怒的人，更有可能对别人慷慨仁慈。

假设你因为新冠病毒或其他健康问题而感到焦虑，如果你只是对自己说"我不应该焦虑"，或者"别担心"，那么，你知道会发生什么，你的焦虑和担忧会更严重，并最终演变成为惊慌失措。然而，如果你承认"我对这种病毒感到焦虑和担忧"，或者再简单一点儿，对自己说"我是普通人"，让自己接纳这些情绪，那么你就能选择最合适的方式采取行动。

你和你的情绪是两件事

学习观察我们正在经历的痛苦情绪是允许我们自己做一个普通人的重要方法，也是治愈情绪问题的关键所在。通过观察，我们可以学会将自己从所感受到的一切中分离出来，我们可以从认为"我就是这种情绪的人"转变为"我有这样的情绪"。像观察物体一样观察我们的情绪时，我们会意识到，正如我们不是火焰、不是呼吸也不是石头一样，我们同样也不是某种情绪。

这并非小事，也不是在咬文嚼字。当谈到情绪时，我们常常把自己和感觉混为一谈，比如说"我是个悲伤的人"或"我是个爱嫉妒的人"，这会让本来很简单的释放情绪这件事变得很困难。转换视角，将"我是个悲伤的人"变成"我有些悲伤"，从"我是个爱嫉妒的人"变为"我有点儿嫉妒"，会让我们更容易摆脱负面情绪，因为我们没有把情绪视为自身的属性。我们并不是情绪本身，因此，释放情绪并不意味着放飞我们自己。

正如我在关于关系的讨论中所提到的，语言塑造世界：我们的语言影响着我们的思维、感觉和行为方式。对我们来说，改变我们的表达方式是至关重要的，这样我们才可以清楚地看到，我们不是情绪本身，我们只是当下有某种情绪。总之，想想看，如果我一时有头痛的感觉，我会觉得"我就是头痛的人"吗？就像"我有头痛的感觉"一样，我也有悲伤、嫉妒或其他任何情绪。

当观察我们当下的情绪时，我们究竟要关注什么？情绪与思想（认知层面）和感觉（生理层面）相联系。例如，焦虑会导致身体上的反应，比如喉咙发紧、肠胃不适、肩部或下背部无法放松。

牛津大学的心理学家马克·威廉姆斯研究了与心理疾病相关的身体感觉，在与人合著的《穿越抑郁的正念之道》一书中写道："不再尝试无视和消除身体不适，而是抱着关怀之心去关注它，我们就能真正改变我们的感受。"[5] 关怀之心是指不要抗拒或逃避，而是做一个旁观者，用心观察它。观察情绪引起的生理反应，喉咙发紧、肠胃不适，就像你欣赏一件艺术品、注视一只玩耍的狗或者一条河时会发出感慨一样，你会说："哦，天啊，快看，这太有趣了！"这并不是说坏情绪带来的体验不痛苦，而是说你仍会感受到痛苦，同时，你会敞开心扉去接纳和观察它。然后，你就会意识到自己其实只是个观察者，观察着你的感觉。换句话说，你是你，感觉是感觉，通过观察感觉，你能将自己从自己的感觉中抽离出来，并与之区分开来。

你可以用同样的"关怀之心"去看待你的各种想法，比如"我现在很焦虑"，或是"我现在能做什么"，再或者"我真希望痛苦已经消失了"，以及"我为什么会有这样的感觉"。仅仅是换到旁观者的视角看待这些念头，你就会意识到你是个观察者，这些想法都是你观察到的，而非你自己。学会观察我们的情绪，培养起将注意力集中或重新集中在我们的思想和感觉上的能力。不去评判，仅仅通过观察，我们就可以让自己从第二个层次的痛苦中解脱出来，从我们在自然出现的痛苦之上亲手炮制的更深层次的痛苦中解脱出来。

除了帮助你意识到你和你的情绪不同，观察自己的情绪还有一个重要的益处。通过留心观察你的情绪，你会意识到它们其实是短暂的和无法持久的，而不是长久的或永存的。你会意识到当下这种感觉、这种情况，不会永远存在。无常是佛教思想中的重要观念，我们的情绪也是无常的、暂时的。可我们无法事事都轻而易举地做到。有时，我们的情绪之火燃烧得太过强烈，以至我们找不到任何方法来扑灭它。我们相信，就像太阳一样，它们会一直待在这里，纵使不会持续数十亿年，至少也会伴随我们一生。我们的思想和感觉是我们生活里重要的组成部分，它们似乎比身外的事物更加真实。但是一旦我们了解到它们的本质，我们就会意识到事实并非如此。我们可以用冥想的方式来观察和了解情绪的本质，这非常有效。

每次的情绪都有一个开头和一个结尾，会滚滚而来也会奔流而去，会升温也会冷却。通过观察它们的自然发展过程，我们能意识到思想和感觉不会一成不变、永不消失，而仅仅会一闪而过。它们会出现，也会消散。冥想老师兼作家马修·理查德这样描述情绪："（它们）只是我们天性中暂时的、特定条件下出现的一部分。"[6]

幸福的人和抑郁的人之间的区别通常在于他们对待痛苦情绪的方式：抑郁的人总有一种习得性的无助感，总是想"无论我做什么，这种感觉不会改变"。幸福的人也会有痛苦的情绪，但最主要的差别在于他们知道，"一切都会过去的"。

学会感恩

黎巴嫩裔美国诗人纪伯伦曾写过，我们就像瓶瓶罐罐一般，既可以容纳悲伤也装得下快乐。每次我们经历悲伤时，我们就在瓶子内部又拓展出一点儿空间，这意味着我们以后可以装进更多的快乐。当我们允许自己悲伤、愤怒、焦虑和恐惧时，我们也会拓展出更多体验快乐、爱、兴奋和希望的能力。

无论是现在还是其他任何时候，无论是在顺利的时候还是在

　　　　　　　　　　　　　　幸福的要素

困难的时候，培养愉快的情绪都很重要。除了让人感觉良好，愉悦的情绪还能让我们充满活力，让我们看见眼前的更多可能性。心理学家、北卡罗来纳大学的教授芭芭拉·弗雷德里克森说过："通过体验积极情绪，人们会做出改变，变得更具创造力、更有智慧，复原力和社会适应能力更强，身体更加健康。"[7]改变自己的最简便的方法之一就是练习感恩。我已经写了20多年的感恩日记，准确一点儿说，是从1999年9月19日开始至今。我开始这样做是因为奥普拉在她做的一个节目中对这个方法赞不绝口。在2003年，心理学研究证明了写感恩日记的好处。每天写甚至每周写感恩日记，都可以让我们变得更快乐、更乐观、更容易实现目标。这不仅能让我们对他人更友善、更慷慨，也能让我们的身体更加健康。[8]

这么简单的干预措施为什么能对我们的幸福产生如此强大的影响？从本质上来讲，好事和坏事在每个人的身上都会发生。在某种程度上，我们选择关注什么将决定我们会有多快乐。持续写感恩日记可不仅仅会在你思索、回味并记录下生活里遇到的各种好事的那几分钟里发挥作用。它还能产生更深远的影响。加州大学戴维斯分校的心理学教授、感恩专家罗伯特·埃蒙斯将其描述为积极情绪的上升螺旋：我表达出我的感激之情，这会让我感觉更好，所以我对其他人会更友善，别人也会对我更友善，这样我的感觉又进一步变得更好了。然后我会把我的工作做得更好一点儿，对我的孩子更温和一些，我会感觉更充实，等等。一个小小的积极体验可以改变我们一整天的情绪轨迹，阻挡它的下降趋势，并让你的情绪状态螺旋式上升。

当生活艰难，你周遭的一切都显得灰暗时，表达感恩是一个非常有效的幸福工具。幸福科学的一个基本前提是，在任何情况下，你都可以找到值得感恩的事情，即使只是顺利地度过了一天也值得感恩。即使遭遇的事情看起来不顺利，通过聚焦于一两个进展顺利的点，你也可以让情绪形成上升螺旋。一根蜡烛也可以照亮整个房间。

写感恩日记时，要避免千篇一律。要有感情地写，避免写流水账。怎么写才有趣？第一，你可以寻找新的关注点，并表达你对这件事或这个人感激之情，这世界如此丰富，总会有值得我们感恩的新事情。第二，即使你反复对同一件事表达感恩，你仍然可以通过具象化和仔细回味的方式找到新意。你可以先闭上眼睛仔细回想你感恩的事物。当你积极地想象你书写的对象时，你大脑中的视觉皮层将被激活，然后你就可以找到新灵感，更积极地写作了。[9]之后，你可以花一点儿时间，哪怕几秒钟，去细细品味自己与感恩对象之间的感情，并与之产生连接。例如，我想表达对我的孩子们——戴维、雪莉和埃利亚夫的感谢，我会先在脑海中想象他们的样子，在心里仔细品味我对他们的爱。我与对孩子们的爱产生了连接感，我能够感受到芭芭拉·弗雷德里克森所说的"发自内心的积极感"的好处。[10] 然后我把他们的名字写在我的感恩日记里。此刻，我的感恩之情都是真实的。相反，如果我只完成了书写的动作，而没有停顿片刻去感受这种情绪，那么就不太可能有同样的效果了。

众多感恩形式中有一种极其有效的方式，就是庆祝自己取得的胜利，不管是多么微不足道的胜利。哈佛大学教授特蕾莎·阿马布勒和发展心理学家史蒂文·克莱默的研究表明，每天花一点儿时间回顾一下今天自己都取得了哪些有意义的进步，会让你变得越来越有效率、有创造力，对工作的满意度越来越高。[11] 有意义的进步不一定是在实现某个崇高目标的路上取得了重大进展，而是对完成目标有所贡献即可，比如和客户进行了一次愉快的会谈，或又推动了一点儿项目的进展。"进步原则"也适用于个人生活，无论是洗好了 3 堆衣服，或是教会了孩子系鞋带，还是终于粉刷了客厅，这些都算进步。不要将你生活中点点滴滴的好事情都视作理所当然，而是要对你取得的任何进步都心怀感恩。

你可能会想，这一切听起来的确不错，但我没有时间写感恩日记！实际上，写日记并不需要花很长时间，每晚抽出两三分钟的时间就足够了。试一下，就算开始的时候你每周只能写一两次，效果也会让你大吃一惊。此外，如果你能坚持写感恩日记，那么你每天会开始不自觉地留意有什么是可以写进日记的，这会帮助你更多地享受当下。我们全家每周要进行至少一次感恩活动，在餐桌前相互分享要感恩的事。我知道在这一周的时间里，我的孩子们都会留心可以感恩的事情，写下脑海里浮现的点点滴滴，以便随后与家人们分享。如果你将这个简单的练习变成习惯，那么不管是对你自己还是对其他人都有益处。无论是在家里还是在工作中，无论是在你过得还不错的时候，还是在你经历困难的时期，它都会令你获益匪浅。

幸福是可以传染的

20 世纪 90 年代初，意大利科学家在猴子的大脑中分离出一个神经元。每当猴子把它的手伸向嘴巴时，这个特殊的神经元就会放电。一天，科学家们注意到神经元在活动，而猴子却一动不动地坐着。最初，他们认为装置出了问题。但后来有人发现了原因：当时实验室里的一位科学家正在吃一个冰激凌甜筒。猴子每次看到科学家举起自己的手，它的神经元也会跟着兴奋，这和它自己举手时的反应一模一样。他们就这样意外地发现了镜像神经元。[12]

如今，经过更深入的研究，人们更加明白了这些镜像神经元的重要性。这种神经元是让人拥有同理心和学习能力的基石，有了它们，婴儿才能通过模仿他人进行学习。事实证明，它们还是情绪传染的关键驱动力。一个人的情绪可以传染给另一个人。当我们兴高采烈地绽放笑容或开怀大笑时，我们通常也会把快乐传递给身边人。

因此，表达感恩不仅会让人的内在情绪螺旋式上升，也会让外在表现有所提升。当我们感恩时，我们会感觉更好；当我们感觉更好时，通过情绪传染，其他人也会感觉更好；当身边人感觉更好时，我们的镜像神经元会做出相应的反应，我们的情绪也会相应地进一步变好。如此一直循环下去……

写一封感恩信

另一个让你和其他人情绪高涨的有力干预措施就是写感恩信。马丁·塞利格曼教授让他的学生给他们感谢的人写一封信。在信中，他们要说明为什么会感恩及感谢对方什么，如果条件允许，最好把信读给那个人听。塞利格曼说，在他几十年的教学生涯中，他从来没见过他布置的哪项练习可以让学生们产生如此强烈的情绪，于是，他和同事们对此进行了一项调查研究。[13] 果然，他们发现感恩信会对写信的人、收到信的人以及双方的关系产生真实而持久的影响。

每年，我都要求我的本科学生给某个人写一封感恩信，对象可以是父母、朋友、导师或任何他们想感谢的人。这个简单的练习所产生的影响是相当显著的。举个例子，约翰（化名）是我班里的学生，那时已经有近 1 000 名学生选这门课，虽然就在几年前，仅有 6 名学生选了这门课。每当约翰走进教室时，我总是能一眼看到他。约翰身强力壮，是哈佛大学校橄榄球队的队员。他总是一个人来，在最后一排坐下，下课以后一言不发地走掉。在我安排了感恩信练习的一周后，那是个星期二，在我讲完课、整理讲稿、收起电脑的时候，他走到讲台上，问我是否可以在我的办公时间来找我。我说，当然可以。第二天，在我的办公室，他对我说："教授，这是我在哈佛念书 3 年以来第一次来老师办公室。"他是来和我分享他写感恩信的经历的。他告诉我，他给他爸爸写了这封信，而且还在周末回家时把信读给他爸爸听。讲到这儿他低下了头看着地面，当他再抬起头时，我看到他的眼睛里泛着泪光。他说："我给爸爸读了信之后，他拥抱了我。"约翰又停顿了一下，然后继续说："这是我 8 岁之后，他第一次拥抱我。"他对我表示了感谢，然后就站起来走了。

另一个叫黛比（也是化名）的学生，给她的小学篮球教练写了一封感恩信。她的教练已经退休很多年了，黛比说把信读给教练听时，他看起来年轻了 10 岁。

想想谁对塑造你如今的生活至关重要。写一封感恩信，只写一封，为他对你所付出的一切表示感谢。即使你写给一个已经去世的人，一封感恩信仍然会对书写它的人产生影响，因为你投入了深刻而真实的感情。所以，给改变了你人生、让你变得更好的人写一封信吧。把信读给他们听，无论你和他们是在同一个屋檐下生活，还是通过手机保持着联系。你也可以用电子邮件把信发出去。一封感恩信对写信人和收信人的影响都是极强的。它不仅影响你的情绪幸福，还会让你获得意义感（精神幸福），让你们的关系更亲密（关系幸福）。它甚至可以增强你的免疫力（身体幸福）。如果你能定期这样做的话，哪怕是每几个月一次，它都可以提升你全然为人的幸福。

如果学校把写感恩信列为必修课会怎么样？如果管理者以身作则，鼓励员工向身边的同事和客户表达感激之情会怎么样？我们的世界将变得更美好、更友善、更快乐和更健康。

培养期待感

最后，感恩不仅仅是感谢过往的岁月中，某人为自己所做的事情，它也关乎未来。心理学家哈达萨·利特曼 - 奥瓦迪亚和迪娜·尼尔进行了一项研究，要求人们写下他们期待一天中会发生的3件事情。[14]这些事可以是大事，也可以是小事，可以是和朋友通个电话、读一首诗，也可以是吃顿午餐。是什么事并不重要，只要是他们期待的 3 件事就好。

这样做并没有让人体验到极致的快乐。然而，他们感受到的痛苦确实变少了，他们本身也不那么悲观了。为什么？通过找出期待的事，也就是写下未来可能发生的积极内容，我们可以培养期待感。当我们满怀期待的时候，我们就不那么悲观了。此外，我们会因此变得更有韧性，虽然除了精神病患者或死人，我们所有人都会偶尔感到悲伤，但我们不会感到抑郁。再说一次，悲伤和抑郁的区别在于，抑郁是毫无希望的悲伤。

我最喜欢的词是"appreciate"，它有两层意思。第一层意思是因为某件事表达感谢，有感恩之心，这真的是一件很重要的事。古罗马哲学家西塞罗称感恩为一切美德之母。几乎所有的宗教，都强调感恩，我们需要感恩，而不是把一切都视作理所当然。它的第二层意思则是价值提升。例如，我们可以说，我们的房子或我们放在银行里的存款是有望升值（appreciate）的。还可以说，经济在健康时期是上行（appreciate）的，它会取得增长。

"appreciate"这个词的两层意思其实是有联系的。今天我们已经通过数据证明，当你对一件好事心存感激时，这件事就会变得更好。当你对生活的美好心存感激，而不是把所有的事情都视为理所当然时，你的生活就会变得更加美好。不幸的是，反之亦然。当你不感激美好时，美好也会缩水，于是你会觉得美好的事情更少了。值得庆幸的是，即使在困难时期，你也总是可以找到值得感谢的事物、值得感激的美好。

海伦·凯勒出生时，她的感官完好无损，但在19个月大的时候，她患上了一种疾病，导致她彻底失聪和失明。整整5年，凯勒都生活在一个没有声音、没有光明的世界里，直到她的老师安妮·沙利文出现。在安妮的帮助下，凯勒掌握了词汇和语言的概念。这一突破使凯勒得以与外界沟通，分享她丰富的内心世界，还让她感知到外部世界并将其融入内心。凯勒在她著名的《假如给我三天光明》一文中向我们讲了如果给她三天可以听见、看见的日子，她会做些什么。[15]这篇鼓舞人心的文章是对感恩的歌颂，是一堂绝佳的感恩课。它比我读过的任何其他文章都更加鲜明地告诉我要感激所拥有的一切。

文中，凯勒讲述了一个朋友来她所在的马萨诸塞州的剑桥市看望她的故事。她的朋友去森林里散步，当她回来时，凯勒问她看到了什么。她的朋友回答说："没什么特别的。"凯勒回应道：

我问自己，一个人独自在林子里散步一小时之久却看不到任何值得注意的东西，那怎么可能呢？……如果说仅凭触觉我就能感受到这么多的愉快，那么凭视觉该有多少美丽的东西显露出来。然而，那些能看见的人明显看得很少，充满世间的色彩和动作的景象被当成理所当然，或许人性具有这样一个共同的特点——对我们拥有的不怎么欣赏，而对我们没有的却渴望得到。然而，这是一个极大的遗憾，在光明的世界里，视觉这种天赋仅被作为一种方便之用，而不是一种让生活更美满的手段。

海伦·凯勒的《假如给我三天光明》最早发表在 1933 年的《大西洋月刊》上。读读这篇文章吧，你可以自己朗读一下，也可以和家人一起大声朗读。然后环视一下你的四周。充分运用你的每一种感官，倾听、触摸、品尝、深嗅，用心感受世界对你的馈赠。有时，我们会觉得自己在生活中迷失了方向，这篇文章正好可以让我们从轻微的偏航中重新找回方向。它引导着我们重新审视就在我们身边的内在的或是外在的、我们可能一直视而不见的东西。不如把这篇文章打印出来，放在你的桌子上、冰箱上或床边。当你需要被提醒时，需要仔细品味并感激生活带给你的一切时，就去读一遍。

情绪幸福

完成 SPIRE 自测的 3 个步骤——给现状评分、描述问题、解决问题。本次的主题是情绪幸福。请思考以下问题：

你经历过快乐的情绪吗？

你会接受痛苦的情绪吗？

你认为你生活中所拥有的很多东西都是理所当然的吗？

你感激你所拥有的一切吗？

根据你对这些问题的回答，评估你在关系幸福中的表现，然后从 1 分 ~10 分给自己打分。1 分是非常少或非常不频繁，10 分是非常多或非常频繁。写出你为什么给自己打这个分数。然后，制定一个方案，从只提高 1 分开始着手。例如，每天或每周进行感恩练习，每周或每隔一个月写一封感谢信，通过写日记来表达你的情绪，让情绪自由流动，或者每天冥想几分钟，以此来悦纳你的情绪。每周自测一次。

结语
向前

幸福地生活是灵魂的内在力量。

——马可·奥勒留

彼得·德鲁克被认为是现代管理学之父。他出生于 1909 年，于 2005 年去世，当时还有一周就是他 96 岁的生日。在德鲁克的一生中，他周游世界，与成千上万的经理人和领导者交谈过。然而，在他的晚年，他决定不再频繁地旅行，与其"冒险"出去与人交谈，不如让这些人来找他。《财富》500 强的首席执行官、政治领袖、高管都涌向加利福尼亚州的克莱蒙特，在这里与这位管理大师一起度过一个神奇的周末。

在这个周末开始的时候，德鲁克通常都会告诉来访者，当他们周一回到自己的生活，回到他们的家和办公室后，他不希望他们打电话给他时，说的都是他们是多么喜欢刚刚过去的这个周末。相反，他希望听到他们采取了哪些新行动。他经常会这么告诉来访者："星期一，不要告诉我这个周末有多棒，告诉我你现在做事情的方式和之前有什么不同。"

为什么？因为在"变革"这个领域工作了 60 多年之后，彼得·德鲁克明白，大多数为变革付出的努力都会失败。在一次周末静修后有所顿悟或读了一本自助的书，无论当时多么令人激动，通常也只是"蜜月效应"。无论学习体验有多令人热血澎湃，大多数人最后都会回到巅峰体验之前的状态。

要有效地实现变革，仅仅有一瞬间的顿悟是不够的。我们必须付诸实践，努力尝试。

下面我们来快速回顾一下 SPIRE 幸福模型五要素。当你回顾这 5 个重点，思考我们在本书中探讨的某些观点时，问问自己：从 5 个维度上讲，我可以再做些什么来帮助我变得更幸福呢？

精神幸福：我们可以在我们所做的每件事中增添意义感和目标感。我们可以改变我们看待工作的方式，从将之视为差事或职业转变为将之视作使命。同样地，我们也可以在日常生活的点滴中发现精神幸福。我们所做的一切，无论看起来多么平凡，如果我们运用正念，就会感觉有所提升。正如有研究证明我们只利用了我们大脑容量的一小部分一样，我认为我们也只利用了我们精神力量一小部分。我们应该专注并活在当下。

身体幸福：请大家记住，压力本身并不是问题。问题出现在当我们没有恢复得足够好的时候。我们可以通过做一些小练习来自我恢复，比如30秒呼吸练习或15分钟的休息。我们也可以通过睡个好觉或休息一天来体验更持久的恢复。我们还可以通过度假（不一定需要旅行）享受更长时间的恢复。不要忘记运动的重要性，在紧张的时候更是如此。锻炼身体对我们有益，它可以使我们更强壮，也会增强我们的反脆弱性。

心智幸福：保持好奇和开放心态可以帮助我们充分利用生活赋予我们的一切。现代世界存在的问题之一是深度学习已经被浅表学习取代。大多数人认为，他们没有足够的时间，而且缺乏深入阅读一本书，或欣赏一件艺术品，或感受大自然的耐心。然而，这种深度参与对于获得全然为人的幸福至关重要。从获得商业上的成功到经营关系都需要这样的深度参与。最后，敢于犯错并从失败中吸取教训是成长的关键，也会帮我们获得更幸福的人生。

关系幸福：亲密关系是幸福与否的首要原因。即使我们不能和朋友出去玩，也不能如我们所愿和朋友进行面对面的交流，我们仍然可以想办法加深我们的友谊。当我们真正倾听时，当我们被倾听时，当我们互相分享和保持开放时，我们的关系就会更进一步。我们也可以通过网络做到这一点。同样，当我们给予时，当我们变得慷慨和善良，为他人提供帮助时，我们会变得更快乐，我们的人际关系也会得到改善。要记住，关系中的冲突也很重要。要拥有持久的关系并不需要一切都完美，而需要你在经营关系时学会控制冲突，和伴侣共同成长。

情绪幸福：允许自己出现各种情绪，这对我们很有帮助。在更易出现极端和复杂情绪的困难时期，这很重要。当我们拒绝痛苦的情绪时，痛苦会加剧，我们也无意中阻碍了愉悦情绪的流动。拥有情绪幸福的最佳方法之一是多表达感激之情，这种强大的干预方式可以使我们的幸福感持续上升。

SPIRE 幸福模型的每个要素都会影响其他要素，并受到其他要素的影响。这种相互关系是一种希望之源，因为当我们确定了幸福这个整体的组成要素时，我们同时也确定了改变自我的杠杆。每章最后的 SPIRE 自测可以帮助你确定支点。通过完成自测，你会获得一个总结报告，你可以结合它的内容确定下一步的行动。我希望你继续定期自测。当你继续对自己的生活做出渐进式的改变时，你不仅会变得更快乐，而且会对自己的未来更加乐观和充满希望。

让爱传出去

现在你已经了解了 SPIRE 幸福模型的 5 个要素。为什么不与你关心的人分享这些方法呢？为什么不把爱传出去呢？电影《让爱传出去》告诉我们，一个人能利用人类互动能被快速传播的特质来创造一个不同的世界。由海莉·乔·奥斯蒙饰演的学生想出了一个班级活动，通过为 3 个人做一些好事来改变世界，作为回报，他们要求这 3 个人将善行传递给另外 3 个人，然后每个人再传递 3 个人，依此类推。这个想法很简单，但结果非常令人吃惊。

大多数人低估了他们自己或一小群人促进变革的能力。查兰·内梅斯、塞尔日·莫斯科维奇等人在社会心理学方面的研究说明了少数群体的强大力量。无论是一个小团体还是个人，都可以发挥作用并产生重大影响。[1] 拉尔夫·沃尔多·爱默生也指出："所有的历史都是对少数派甚至是仅有一人的少数派力量的记载。"正如人类学家玛格丽特·米德所指出的那样："绝不要怀疑少数有思想、坚定不移的人，以及他们改变世界的能力。实际上，为人类带来改变的正是这些人。"[2]

由于人际网络有快速传播的特点，个人或小团体具有带来广泛的社会变革的能力。以微笑传播为例：如果你让 3 个人微笑，他们反过来让另外 3 个不同的人微笑，而这 9 个人又各让另外 3 个人微笑，那么通过 20 次的传播，你将影响全世界。如果你让 4~10 个人微笑，你就可以从根本上增加影响全世界人的概率。按照同样的逻辑，如果你真诚赞美 3~10 个人，他们就更有可能为别人做同样的事情，继续传播善良和幸福。

幸福是会传染的，所以所有与你互动、受你影响的人，都会接收到你的幸福，并将它传播得很远很广。[3]

即使世事艰难，你总能做一些事情来让自己变得更幸福一点儿。当你这样做的时候，你也在帮助别人做同样的事情。记住，在精神层面，你有目标，你活在当下。在身体层面，你感到身心合一，充满能量与活力。在心智层面，你有好奇心，可以专注于一件事中，能够学习和成长。在关系层面，你慷慨而善良，具有爱和被爱的能力。在情绪层面，你能够体验痛苦与快乐，同情与喜悦。

你，就是全然的你。

致 谢

　　我们的生活正在经历疫情带来的重大挑战，这段时光会成为我们希望的阳春还是绝望的寒冬，在很大程度上取决于我们生活中接触的人。从这一点来讲，我深感庆幸。

　　要不是身边的几位同事和朋友，我恐怕无法写完这本书。首先要感谢的是凯蒂·麦克休·马尔，她的话语与智慧贯穿了全书。其次我要感谢来自 The Experiment 出版社的巴蒂亚·罗森布鲁姆和来自萨加林代理公司的雷夫·萨加林，是他们提出了写这本书的想法，并在整个写作过程中持续提供他们宝贵的见解。

　　我在幸福研究院的同事们夜以继日地工作，用传播幸福、美好和善良的方式帮助世界各地的学生们度过困难时期。

　　我的商业伙伴、亲爱的朋友安格斯·里奇韦教会我无论是风平浪静还是波涛汹涌的时候，作为领导者要怎样做。

　　尽管自新冠肺炎疫情暴发以来，我与父母、兄弟姐妹及其他家人无法相聚，但他们对我的关心和支持却从未间断、有增无减。同时，我与妻子和孩子们的相处时间更多了，而这让我对他们的爱与日俱增。

注 释

前　言　逆境中的幸福

1.　Taleb, N. N. (2012). *Antifragile: Things That Gain from Disorder*. Random House.

2.　Calhoun, L. G. and Tedeschi, R. G. (2006). *The Handbook of Posttraumatic Growth: Research and Practice*. Routledge.

3.　Gilbert, D. (2007). *Stumbling on Happiness*. Vintage Books.

4.　Brickman, P., Coates, D. and Bulman, R. J. (1978). "Lottery Winners and Accident Victims: Is Happiness Relative?" *Journal of Personality and Social Psychology*, 36, 917–927.

5.　Lambert, Craig. "The Science of Happiness." *Harvard Magazine*.

6.　Twenge, J. (2017). "With Teen Mental Health Deteriorating over Five Years, There's a Likely Culprit." *The Conversation*.

7.　Lyubomirsky, S., King, L. and Diener, E. (2005). "The Benefits of Frequent Positive Affect: Does Happiness Lead to Success?" *Psychological Bulletin, 131*, 803–855.

8.　Fredrickson, B. L. (2001). "The Role of Positive Emotions in Positive Psychology: The Broadenand-Build Theory of Positive Emotions." *American Psychologist*, *56*, 218-226.

9.　Ibid.

10.　Keller, H. (1957). The Open Door. Doubleday.

11.　Mauss, I. B., Tamir, M., Anderson, C. L., and Savino, N. S. (2011). "Can Seeking Happiness Make People Unhappy? Paradoxical Effects of Valuing Happiness." *Emotion, 11*, 807–815.

12.　Mill, J. S. (2018). *Autobiography*. Loki's Publishing.

13.　Ben-Shahar, T. (2021). *Happiness Studies: An Introduction*. Palgrave Macmillan.

14.　Swan, G. E., and Carmelli, D. (1996). "Curiosity and mortality in aging adults: A 5-year followup of the Western Collaborative Group Study." *Psychology and Aging, 11*(3), 449–453.

15. Dunn, E. and Norton, M. (2013). *Happy Money: The Science of Happier Spending.* Simon & Schuster.

16. Lyubomirsky, S., Sheldon, K. M., and Schkade, D. (2005). "Pursuing Happiness: The Architecture of Sustainable Change." *Review of General Psychology, 9*, 111.

1 精神幸福

1. Wrzesniewski, A. and Dutton, J. E. (2001). "Crafting a Job: Employees as Active Crafters of Their Work." *Academy of Management Review 26*, 179-201.

2. Ibid.

3. Grant, A. (2014). *Give and Take: Why Helping Others Drives Our Success.* Penguin Books.

4. Sreechinth, C. (2018). *Thich Nhat Hanh Quotes.* UB Tech.

5. Davidson, R. J. and Harrington, A. (2001). *Visions of Compassion: Western Scientists and Tibetan Buddhists Examine Human Nature.* Oxford University Press.

6. Ibid.

7. Kabat-Zinn, J. (2013). *Full Catastrophe Living: Using the Wisdom of Your Body and Mind to Face Stress, Pain, and Illness.* Bantam Books.

8. Hanh, T. N. (1999). *The Miracle of Mindfulness: An Introduction to the Practice of Meditation* (M. Ho, trans.). Beacon Press.

9. Ricard, M. (2010). *Art of Meditation.* Atlantic Books.

10. Guthrie, C. (2008). "Mind Over Matters Through Meditation" *O, The Oprah Magazine.*

11. Goldstein, E. (2013). *The Now Effect.* Atria Books.

12. Sreechinth, C. (2018). *Thich Nhat Hanh Quotes.* UB Tech.

13. Miller, H. (1994). *Plexus: The Rosy Crucifixion II.* Grove Press.

14. Itzchakov, G. and Kluger, A. N. (2018). "The Power of Listening in Helping People Change." *Harvard Business Review.*

15. Bouskila-Yam, O. and Kluger, A. N. (2011). "Strength-Based Performance Appraisal and Goal Setting." *Human Resource Management Review.*

16. Pennebaker, J. W. (1997). *Opening Up: The Healing Power of Expressing Emotions.* The Guilford Press.

17. Csikszentmihalyi, M. (1999). "If We Are So Rich, Why Aren't We Happy?" *American Psychologist, 54*, 821–827.

18. Bennett-Goleman, T. (2002). *Emotional Alchemy: How the Mind Can Heal the Heart.* Harmony Books.

2 身体幸福

1. Damasio, A. (2006). *Descartes' Error: Emotion, Reason, and the Human Brain*. Vintage Books.

2. Senge, P. M. (2006). *The Fifth Discipline: The Art and Practice of the Learning Organization*. Doubleday.

3. Zajonc, R. B.; Murphy, S. T., and Inglehart, M. (1989). "Feeling and Facial Efference: Implications of the Vascular Theory of Emotion." *Psychological Review*.

4. Wiseman, R. (2013). *The As If Principle: The Radically New Approach to Changing Your Life*. Free Press.

5. Ranganathan, V. K, et al. (2003). "From Mental Power to Muscle Power—Gaining Strength by Using the Mind." *NeuroPsychologia*.

6. Elsen, A. E. et al. (2003). *Rodin's Art: The Rodin Collection of Iris & B. Gerald Cantor Center of Visual Arts at Stanford University*. Oxford University Press.

7. Lambert, Craig. "The Science of Happiness." *Harvard Magazine*.

8. McGonigal, K. (2016). *The Upside of Stress: Why Stress Is Good for You, and How to Get Good at It*. Avery.

9. Loehr, J. and Schwartz, T. (2005). *The Power of Full Engagement: Managing Energy Not Time Is the Key to High Performance and Personal Renewal*. Free Press.

10. Mayo Clinic Staff (2019). "Stress Symptoms: Effects on Your Body and Behavior." *Mayo Clinic Healthy Lifestyle*.

11. Loehr, J. and Schwartz, T. (2001). "The Making of a Corporate Athlete." *Harvard Business Review*.

12. Benson, H. and Klipper, M. Z. (2000). *The Relaxation Response*. William Morrow Paperbacks.

13. Weil, A. (2001). *Breathing: The Master Key to Self Healing* (Audiobook*)*. Sounds True.

14. Loehr, J. and Schwartz, T. (2001). "The Making of a Corporate Athlete." *Harvard Business Review*.

15. Walker, M. (2018). *Why We Sleep: Unlocking the Power of Sleep and Dreams*. Scribner.

16. Mednick, S. C. (2006). *Take a Nap! Change Your Life*. Workman Publishing.

17. Walker, M. (2018). *Why We Sleep: Unlocking the Power of Sleep and Dreams*. Scribner.

18. Ibid.

19. Ibid.

20. Ibid.

21. Rand Corporation (2016). "Lack of Sleep Costing U.S. Economy Up to $411 Billion a Year"

(press release). https://www.rand.org/news/press/2016/11/30.html#:~:text=According%20 to%20researchers%20at%20the,damper%20on%20a%20nation%27s%20economy. (accessed October 27, 2020).

22.   Mednick, S. C. (2006). *Take a Nap! Change Your Life*. Workman Publishing.

23.   Carino, M. M. (2019). "American Workers Can Suffer Vacation Guilt … If They Take Vacations at All." *Marketplace*. https://www.marketplace.org/2019/07/12/american-workers-vacation-guilt/ (accessed November 27, 2020).

24.   Loehr, J. and Schwartz, T. (2005). *The Power of Full Engagement: Managing Energy, Not Time, Is the Key to High Performance and Personal Renewal*. Free Press.

25.   Ibid.

26.   Ratey, J. J. (2013). *Spark: The Revolutionary New Science of Exercise and the Brain*. Little, Brown and Company.

27.   Callaghan, P. (2004). "Exercise: A Neglected Intervention in Mental Health Care?" *Journal of Psychiatric and Mental Health Nursing*.

28.   Ratey, J. J. (2013). *Spark: The Revolutionary New Science of Exercise and the Brain*. Little, Brown and Company.

29.   Callaghan, P. (2004). "Exercise: A Neglected Intervention in Mental Health Care?" *Journal of Psychiatric and Mental Health Nursing*.

30.   Van der Ploeg H.P. et al. (2012). "Sitting Time and All-Cause Mortality Risk in 222 497 Australian Adults." *Archives of Internal Medicine, 172*, 494–500.

31.   Ratey, J. J. (2013). *Spark: The Revolutionary New Science of Exercise and the Brain*. Little, Brown and Company.

32.   Ibid.

33.   Buettner, D. (2012). *The Blue Zones: 9 Lessons for Living Longer from the People Who've Lived the Longest*. National Geographic.

34.   Steel, P. (2012). *The Procrastination Equation: How to Stop Putting Things Off and Start Getting Stuff Done*. Harper Perennial.

35.   Cuddy, A. (2018). *Presence: Bringing Your Boldest Self to Your Biggest Challenges*. Little, Brown and Company.

3　心智幸福

1.   Csikszentmihalyi, M. (2014). *Applications of Flow in Human Development and Education: The Collected Works of Mihaly Csikszentmihalyi*. Springer.

2. Kashdan, T. B. (2010). *Curiosity: The Missing Ingredient to a Fulfilling Life*. Harper Perennial.

3. Bem, D. J. (1967). "Self-perception: An Alternative Interpretation of Cognitive Dissonance Phenomena." *Psychological Review, 74*, 183–200.

4. Lakkakula, A. (2010). "Repeated Taste Exposure Increases Liking for Vegetables by Low-income Elementary School Children. *Appetite*, 226–31.

5. Swan, G. E., and Carmelli, D. (1996). "Curiosity and mortality in aging adults: A 5-year followup of the Western Collaborative Group Study." *Psychology and Aging, 11*(3), 449–453.

6. Cooperrider, D. L. and Whitney, D. (2005). *Appreciative Inquiry: A Positive Revolution in Change*. Berrett-Koehler Publishers.

7. Suzuki, S. (2020). *Zen Mind, Beginner's Mind: Informal Talks on Zen Meditation and Practice*. Shambhala.

8. Langer, E. J. (2014). *Mindfulness: 25th Anniversary Edition*. Da Capo Lifelong Books.

9. Simonton, D. (199). *Origins of Genius: Darwinian Perspectives on Creativity*. Oxford University Press.

10. Dweck, C. (2005). *Mindset: The New Psychology of Success*. Ballantine Books.

11. Roosevelt, T. "Citizenship in a Republic: The Man in the Arena." Leadership Now. https://www.leadershipnow.com/tr-citizenship.html (accessed October 27, 2020).

12. Neff, K. (2011). *Self-Compassion: The Proven Power of Being Kind to Yourself*. William Morrow.

13. Dweck, C. (2005). *Mindset: The New Psychology of Success*. Ballantine Books.

14. Edmondson, A. (1999). :Psychological Safety and Learning Behavior in Work Teams." *Administrative Science Quarterly 44,* 350.

15. Delizonna, L. (2017). "High Performing Teams Need Psychological Safety. Here's How to Create It." *Harvard Business Review*.

16. Kelly, A. (2017). "James Burke: The Johnson & Johnson CEO Who Earned a Presidential Medal of Freedom." jnj.com (Johnson & Johnson website). https://www.jnj.com/our-heritage/james-burke-johnson-johnson-ceo-who-earned-presidential-medal-of-freedom (accessed November 25, 2020).

17. Rilke, R. M. (1993). *Letters to a Young Poet*. W. W. Norton & Company.

4　关系幸福

1. Waldinger, R. (2015). "What Makes a Good Life? Lessons from the Longest Study on Happiness." ted.com. https://www.ted.com/talks/robert_waldinger_what_makes_a_good_

life_lessons_from_the_longest_study_on_happiness (accessed October 27, 2020).

2. Helliwell, J., Layard, R. and Sachs, J. (2019). *World Happiness Report*. https://worldhappiness.report/ed/2019/ (accessed August 23, 2019).

3. Klinenberg, E. (2013). *Going Solo: The Extraordinary Rise and Surprising Appeal of Living Alone*. Penguin Books.

4. Twenge, J. (2017). "With Teen Mental Health Deteriorating over Five Years, There's a Likely Culprit." *The Conversation*.

5. Konrath, S. H., O'Brien, E. H. and Hsing, C. (2010). "Changes in Dispositional Empathy in American College Students Over Time: A Meta-Analysis." *Personality and Social Psychology Review, 15*, 180–198.

6. Hoffman, M. L. (2001). *Empathy and Moral Development: Implications for Caring and Justice*. Cambridge University Press.

7. Dunn, E. and Norton, M. (2013). *Happy Money: The Science of Happier Spending*. Simon & Schuster.

8. Grant, A. (2014). *Give and Take: Why Helping Others Drives Our Success*. Penguin Books.

9. Goleman, D. (2004). *Destructive Emotions: How Can We Overcome Them?* Bantam Books.

10. Ibid.

11. Winnicott, D. W. (2002). *Winnicott on the Child*. Da Capo Lifelong Books.

12. Luthar, S. S., and Becker, B. E. (2002). "Privileged but pressured? A study of affluent youth." *Child Development*, 73(5), 1593–1610.

13. Montessori, M. (2009). *The Absorbent Mind*. BN Publishing.

14. Christensen, C. (2012). "The School of Life." *Harvard Business School Alumni Online*. https://www.alumni.hbs.edu/stories/Pages/storybulletin.aspx?num=814 (accessed November 27, 2020).

15. Emerson, R. W. (1909). *The Works of Ralph Waldo Emerson: Letters and Social Aims*. Fireside Edition.

16. Kuhn, R. (2018). "The Power of Listening: Lending an Ear to the Partner During Dyadic Coping Conversations." *Journal of Family Psychology*, *32*, 762–772.

5 情绪幸福

1. Wegner, D. M. (1994). *White Bears and Other Unwanted Thoughts: Suppression, Obsession, and the Psychology of Mental Control*. The Guilford Press.

2. Marcin, A. (2017). *9 Ways Crying May Benefit Your Health. Healthline*. https://www.healthline.com/health/benefits-of-crying (accessed November 27, 2020).

3.   Straker, G. and Winship, J. (2019). *The Talking Cure: Normal People, Their Hidden Struggles and the Life-Changing Power of Therapy*. Macmillan Australia.

4.   Pennebaker, J. W. (1997). *Opening Up: The Healing Power of Expressing Emotions*. The Guilford Press.

5.   Williams, M., et al. (2007). *The Mindful Way Through Depression: Freeing Yourself from Chronic Unhappiness*. The Guilford Press.

6.   Ricard, M. (2010). *Art of Meditation*. Atlantic Books.

7.   Fredrickson, B. L. (2001). "The Role of Positive Emotions in Positive Psychology: The Broaden-and-Build Theory of Positive Emotions." *American Psychologist*, *56*, 218–226.

8.   Emmons, R. (2008). *Thanks: How Practicing Gratitude Can Make You Happier*. Mariner Books.

9.   Kosslyn, S. M., Thompson, W. L and Ganis, G. (2006). *The Case for Mental Imagery*. Oxford University Press.

10. Fredrickson, B. L. (2001). "The Role of Positive Emotions in Positive Psychology: The Broadenand-Build Theory of Positive Emotions." *American Psychologist*, *56*, 218-226.

11. Amabile, T. and Kramer, S. (2011). *Progress Principle: Using Small Wins to Ignite Joy, Engagement, and Creativity at Work*. Harvard Business Review Press.

12. Ferrari, P. F., and Rizzolatti, G. (2014). "Mirror Neuron Research: The Past and the Future." *Philosophical Transactions of the Royal Society of London. Series B, Biological Sciences*, 369 (1644).

13. Seligman, M. E. P., Steen, T. A., Park, N., & Peterson, C. (2005). "Positive Psychology Progress: Empirical Validation of Interventions." *American Psychologist*, *60*, 410–421.

14. Littman-Ovadia, H. and Nir, D. (2013). "Looking Forward to Tomorrow: The Buffering Effect of a Daily Optimism Intervention." *Journal of Positive Psychology*, 9(2):122–136.

15. Keller, H. (1933). "Three Days to See." *Atlantic Monthly*. https://www.afb.org/about-afb/history/helen-keller/books-essays-speeches/senses/threedays-see-published-atlantic (accessed November 27, 2020).

结语　向前

1.   Nemeth, C. (1974). *Social Psychology: Classic and Contemporary Integrations (7th Ed.)*. Rand McNally.

2.   Sommers, F. (1984). *Curing Nuclear Madness*. Methuen.

3.   Christakis, N. A. and Fowler, J. H. (2009). *Connected: The Surprising Power of Our Social Networks and How They Shape Our Lives*. Little, Brown and Company.